量子力学が描く希望の世界

佐藤文隆

青土社

量子力学が描く希望の世界　目次

量子力学が描く希望の世界

はじめに

本書のタイトル『量子力学が描く希望の世界』は奇妙に見えるかも知れない。物理学の基礎科目である量子力学が人生論のキーワードである希望と並んでいるからだろう。もう三〇年ほど前になるが、『量子力学のイデオロギー』（青土社）という本を出している。どうも、イデオロギーという語のイメージが悪くて誤解された面もあるが、その本で言いたかったことは、次のようなことである。例えば、ニュートン力学は法の支配のメタファーとして、ブラックホールは地獄の恐怖のアレゴリーとして、進化論は優勝劣敗の資本主義のイデオロギーとして、エントロピー増加は成長の限界を警告するメッセージとして、といった様に、科学の理論や概念が時代の風潮に同調して社会に大きく広がる場合がある。私は、少々不正確でも、こういう拡散は科学と文化の大事な交流の一つだと考えている。この流れでいって、量子力学は社会的あるいは文化的にいかなるメタファーであり、イデオロギーであり、アレゴリーなのであろうか？この問いかけに対する一つの解答が本書のタイトルである。それは決して物理学そのものの話ばかりではないが、タイトルが意味するところの境地に達するには量子力学への理解を深める必要もある。

現代物理学を画した量子論の出発は年表ではよく一九〇〇年とされている。加熱した物体の温度と出る光の波長との関係を論ずる黒体放射の理論の中で、マックス・プランクが作用量子hを導入したことに始まる。プランクは一時ドイツ硬貨に刻印される肖像にも採用された人物だ。さらに物理学だけでなく文系をも含むドイツ政府支援の基礎研究の研究所群を統括する機構の名称にも彼の名が冠されている。ドイツでは民族の誇りとして量子論を拓いた巨人を顕彰しているのだ（ちなみに、ドイツ政府系の文化や学術の組織名に登場する人名はゲーテ、フンボルト、ライプニッツ、フランフォーファー、ヘルムホルツなどである）。

これは量子論の影響の大きさを再認識させる一つの挿話だが、本書で取り上げている量子力学はプランクの四半世紀後に起こった二段階目の革命、あるいはプランクを発端とする革命の完成点としての数理理論である量子力学である。本書で「量子力学九〇年」といっているのはこの第二の飛躍以来「九〇年」という意味である。

熱放射、電波、X線、放射線、電子……などの実験的発見を作用量子hの導入で説明して、第一の革命を第二の革命に引き継いだ代表的な人物がアインシュタインとボーアである。そして、第二の革命の立役者はハイゼンベルク、シュレーディンガー、ディラックといった彼らより若い世代であった。彼らの数理理論は一九二五年に現れて一九二七年頃に完成を見るが、その物理的解釈をめぐってアインシュタインとボーアの間で論争があった。本書の第1章はここから始まる。

しかし物理学の目は、一九三二年の中性子の発見で原子核素粒子という新たな世界に移り、さらナチスの台頭によるユダヤ人排斥で欧州の学者世界も大混乱し、「論争」は拡がらずにうやむやになり、むしろ量子物理学の確かさを原子爆弾の炸裂で知るという、悲惨な歴史を見たのである。

現在、巨大な能力のコンピュータであるスマホを多くの人が何気なく携帯する時代が登場し、社会変動が始動している。世界中を光や電波で繋ぐネットワークは人々のコミュニケーションの作法を混乱させ、危うさを秘めた巨大な可能性を暗示している。さらにこうしたテクノシステムの遍在を基礎にしたＡＩは人々を単純作業から解放すると同時に、職業社会の構造変化をもたらす不安を醸し出している。

こうした変動に導いたハイテクはすべて一九五〇〜六〇年代でのトランジスターやレーザーの発明とそれに続く廉価大量生産を可能にするシリコン・エンジニアリングが拓いたものであり、それを基礎で支えたのが実は量子力学なのである。この現実を前にすれば量子力学は既に一仕事も二仕事も成し遂げた盤石の力強い理論だと言えるだろう。

創業者同士の論争が戦争で中断された歴史は気にならないでもないが、そんなデリケートな歴史挿話を吹っ飛ばすほどに、その後の量子力学は力強い威力を理工の世界で発揮しているのである。そんな「九〇年」後の今日、「九〇年」前の古い「論争」を取り上げることになんの意義があるのかと訝る声を意識して本書は始まり、「何が問題か？」を「学問とは何か？」の視点から析出することで、物理学にとどまらない新たなワールドビューを展望しようと試みたい。さっそく始めよう。

第１章
量子力学誕生から「黙って計算しろ」の時代へ

ボーア・アインシュタイン論争

いまから九〇年ほど前の一九二五〜一九二七年頃、量子力学という、それこそニュートン以来の大変革と評される、物理学の新理論が登場した。ハイゼンベルク（一九〇一―一九七六）などの新世代が提出した理論であったが、それに対してこの分野の当時のリーダーであったアインシュタイン（一八七九―一九五五）とボーア（一八八五―一九六二）が違った見解を表明した。いわゆる「ボーア・アインシュタイン論争」であるが、まもなくナチス台頭で時代が慌ただしくなり、亡命、第二次世界大戦、原爆開発などと、政治の激動に二人も巻き込まれ、この「論争」も沙汰止みになった。

同じ専門の指導的研究者から異なった科学観が飛び出したのは、「世紀転換期」から第一次世界大戦後のワイマール期までに沸騰した欧米思想文化界の激動と無関係ではない。量子力学を、ボーアは経験論的方策の科学観から位置付け、アインシュタインは実在論的真理の科学観から完成途上の未完成品と評した。大雑把にいえば、ボーアがヒュームらの系譜のマッハやジェイムズ流の真理観に大きく飛び出したが、アインシュタインはこの飛躍には慎重で、科学的真理の実在を安易に手放すべきではないと踏みとどまった。実験と数理の理工的な探求の末の成果なのだが、その評価をめぐって、流動化した時代の思潮が科学内部にまでもろに反映したと見ることができる。

「論争」の現在までの三期

本章ではこのボーア・アインシュタイン論争の「論争」の周辺を論じていくのであるが、できるだけ現在の問題意識に繋げたいので、次の三つの時期の中にこの「論争」をおいてみたい。

A　一九世紀後半からの知的世界の新勢力である科学と人間をめぐる論議
B　第二次世界大戦後の冷戦期のイデオロギーの時代
C　一九八〇年後半以後の量子技術の時代

従来、この課題はAで論じられてきたが、BとCへと拡大したいと思っている。章末に触れるように、本章のタイトルもそれを反映したものである。

二人の「論争」自体は『ニールス・ボーア論文集1　因果性と相補性』（山本義隆訳、岩波文庫）でうかがえるように物理の議論であって、決して哲学論争ではない。この「論争」は、研究者の間で普段は明示的に語られない、現象を理論で語る際の言語的基盤の差を量子力学が露呈させたとも言える。そういう意味では、科学研究の背景にある物理学や科学に閉じない哲学、思想、組織の課題を引き出したものと言える。

科学と人間

産業革命が広がる中、ガリレオやニュートンによる天体運行の力学を天上から地上に降臨させ、熱、光、電磁気の現象に元素を対象とした原子論も加わって、物理学と化学は大成功をおさめた。一九世紀末には科学のターゲットは生理学や医療に拡大し、人間の心理、精神世界にまでおよぶ勢いをみせた。こうした大躍進は、単に産業や医療の技術革新に終わらず、社会の倫理や秩序にかかわる宗教、学問、教育の概成権威との軋轢も高めた。知的権威をめぐる世界で科学の存在感が増し、内部からも外部からも「科学とは何をやっているものか？」の問いかけを喚起することになった。

光学や電気の新実験手段での発見に次々と立ち会うと、まずはそれらを自然に組み込まれている法則性の発現として素直に捉え、唯物論的、機械論的な真理観と要素還元論的な手法の成功に感動する。しかしこれに傾き出すと、人間不在でも存在する自然の摂理を、科学は受動的に観察するだけという見方が強まり、人間の意味が著しく減退する世界像へと導かれ、従来の宗教や文化の創造力を賞賛する人間観を脅かす結果となる。ここに人間を新たなかたちで復活させる様々な言説が登場したのである。

シュペングラー『西洋の没落』

こうした「言説」には、科学をより効果的に教育して遂行することを目指す科学振興型もあれば、反対に知的世界での科学の跋扈は人間性の全面的開花を抑圧する脅威と捉えて科学の限界を説くものもあった。シュペングラー『西洋の没落』は大戦中に書かれたらしいが、発行がドイツ敗戦の混乱期に重なり、タイトルのインパクトもあって、ベストセラーとなった。第一部が一九一八年からの五年で三〇刷、その年に出た第二部も三年で三〇刷も増刷し、合計で一〇万部でたという。歴史形態学を論じたというこの本は決して読破が容易な本ではない。にもかかわらず、当時のドイツの大学を出た知識人の三倍の冊数が売れたという。

『西洋の没落』は、数学や物理学、進化論や心理学などの最新の題材も登場させて描かれる「ファウスト的」科学のギリシャ的西洋の潮流に対抗させて、ドイツ的「生の哲学」への転換を謳ったともいえる。当時のドイツ語圏の学術・教育界には「厳密科学（exakte Wissennshaften）」

という言葉が輝いていたが、こうした理性が主導する科学的営為に対抗するため、ドイツ的「生の哲学」のような文化や民族を前面に出したアンチテーゼが様々に蠢きだしていたのである。

戦争、革命、経済的破局、政党政治の混乱、といったカオス的社会状況が科学研究者の中にも大きな動揺をもたらしていた時代、『西洋の没落』というタイトルの本は科学者たちの心をもとらえたといえる。例えば、一九二五年にフライブルグ大学教授就任演説で理論物理学者のミーは「実験の結果に厳密に縛られている専門分野である物理学においてすら、現代生活の他の領域の知的運動と完全に並行した径に導かれていくのは奇妙なものである」と語っている。これは、世情の流行などに一番関係なさそうな「厳密科学」にも社会の風潮が浸透してきた新事態を指摘しているのである。

この「ワンダーフォーゲル、入浴運動、菜食運動、緩いバンドの運動、開襟シャツ運動、新石鹸運動、芸術家村、ボヘミアン、裸体主義、神智論、オカルティスト」などを合言葉とする自然や原始への回帰を謳う反合理、反因果、反知性の風潮の蔓延については上山安敏著『神話と科学――ヨーロッパ知識社会　世紀末―20世紀』（岩波現代文庫）に詳しく、また科学界での影響については拙著『科学と人間』（青土社）第三章にも触れたが、次の文献に詳しく検証されている :C. Carson, A.Kojevnikov, H.Trischler ed., *Weimar Culture and Quantum Mechanics*（Imperial College Press and World Scientific, 2011）。

科学界への影響

「ニュートン以来の……」という量子力学への物理学の大変革の発端は、一八九五年のX線の発見に続く放射線と電子の発見という予期せぬ実験的発見である。その後の四半世紀、実験物理が駆動する中での、一九〇〇年から始まるプランク・アインシュタイン・ボーアが主導した前期量子論の後に、量子力学という理論が一九二五年に登場した。この飛躍を担ったのは、第一次世界大戦前に地位を築いていた世代ではなく、ハイゼンベルクなどの戦後世代であった。「世紀転換期」に盛んになった自然回帰を掲げるワンダーフォーゲルなどの青年運動の洗礼も受けているハイゼンベルクは「この論文は、原理的に観測される量の間の関係に基礎をおいて、量子力学理論の基礎を構築することを目指す」と宣言したが、この「観測される量の間の関係」というフレーズは経験論、実証主義哲学の常套句であり、アカデミックな帝政下のドイツ物理学界では異端視された哲学へのコミットメントであった。

プランクのマッハ批判

「異端視された」というのは、一九〇八年頃、ベルリン大学学長であったプランクが、学生たちの真理への探求心に迷いを抱かせている元凶としてマッハを名指しし、公開批判を表明したからである（拙著『アインシュタインの反乱と量子コンピュータ』京都大学学術出版会）。マッハはプランクの一世代上であり、科学が新興業界であった時代に自由な野人として、知的世界で縦横に批判精神を発揮した人物である。プランクの関心事は、科学という新興権威界の秩序を守ることであり、科学を「知識のエコノミーだ」と宣うマッハを許せなかったのである。この一件は、ドイツ語圏科学界に、哲学的言動への慎重さを促した。プランクとハイゼンベルクの中間世代にあたるアインシュタインとボーアは、こうした雰囲気の中で学界の指導者になった。ハイゼンベルク世代といえる湯川秀樹や坂田昌一の回想的文章にもプランクのマッハ批判に触れたものがある。

量子力学にノーベル賞

「論争」当時、二人は既にノーベル物理学賞を受賞していた。一九二二年に、保留になっていた前年の分と合わせて二年分の賞がアインシュタイン（一九二一年）とボーアに授与された。この秋冬、アインシュタインは日本へ旅行中であったため授与式は欠席した。日本からの帰途、イスラエル建国運動の一貫でパレスチナを訪問、ヨーロッパに帰ったのは翌年の春で、夏頃に受賞講演をして賞金を受け取った。アインシュタインは「理論物理学への貢献、特に光電効果の法則の発見」、ボーアは「原子構造と原子からの放射に関する研究」で受賞している。両方ともプランクの量子仮説を「光電効果」と「原子からの放射」の実験事実に結びつけた功績である。この上に築かれたハイゼンベルク、シュレーディンガー、ディラックらの量子力学理論へのノーベル賞は一九三三年に前年度分と合わせてこの三人に授与された。ナチスが政権をとった年で、シュレーディンガーはベルリン大学教授を辞任して英国に亡命し、亡命先からの受賞式出席であった。アインシュタインも、この年、米国に亡命した。

アインシュタインといえば「相対論」だが、〞理論物理学への貢献〟という言葉にそれを込めて、ノーベル賞は相対論への直接的な顕彰を避けた。その理由は物理学上と政治上の両面があった。詳しくは、ネットで公開されている、日本光学会の会誌『光学』二〇〇五年一二月号所載の拙稿「相対論とアインシュタイン伝説の革新」にゆずる。

科学がめざす真理とは

こうした「論争」の周辺をいくつか見た上で、アインシュタインとボーアの「思想問題」に戻ると、先述の「ボーアがヒュームらの系譜のマッハやジェイムズ流の真理観に大きく飛び出し、アインシュタインはこの飛躍には慎重で、科学的真理の実在性を安易に手放すべきでないと踏みとどまった」とは、いささか単純化した言い方であると言える。また、二人はあくまでも物理学界の指導者であり、思想や哲学の完成を追求しているわけではないから、思想的あるいは哲学的な面において主張に一貫性がある訳ではない。

特に、ボーアの初期の対応は、多くの物理学者の平均的な科学観からはついていけないハイカラ思想であったので、その後は徐々にセットバックしたように思える。また、その後、量子力学が広範に物理学や化学で使われていく潮流の中で、「論争」自体が意識されなくなったのも事実である。すなわち、放置しても支障なく研究は進展したのである。

この「論争」は物理理論をどうこう弄るという課題ではなく、物理学、さらに科学とは何をやっているものか、という言説に関わっていると私は考えている。つまり、研究者間では明示的には語られない多様な信念の齟齬をめぐる議論だと言える。特に人間の位置付けに関わるものであり、当然、科学内に閉じない自然・人間・倫理・社会・民主主義を貫く人間の見方に関わる「科学がめざす真理とは」という命題に対する「論争」だったのだと思う。

真面目・哲学青年とハイカラ・シティーボーイ

その意味では、二人の巨匠が誕生直後の量子力学に見せた異なった反応について考えるため、物理学や科学の内部に閉じない「自然・人間・倫理・社会・民主主義を貫く人間の見方」、要するに人生の価値観や信念にまで広げた関心を持っておくことが必要だろう。そこで、科学の学説の対比ではなく、まず当時のボーアとアインシュタインの人物像の対比を見ておこう。

あえて、対照的に表現するなら、ボーアは裕福な家庭で苦労なく育ち、世の中の新傾向にも敏感なハイカラなシティーボーイであるのに対して、アインシュタインは不安定な経済的境遇の中で努力した真面目な哲学青年である。いささか粗っぽいまとめ方だが、そう間違いではないだろう。ともに斯界のリーダーの言動を、生い立ちの差という予断をもって見るのは邪道のようでもあるが、今回は敢えてこういう手法も試みてみようと思う。

ニールス・ボーアの生い立ち

ボーアはアインシュタインより六歳若く、「論争」では疑念を抱く先輩アインシュタインを説得する役目であった。それは研究の急流に戸惑う先輩を気遣う姿でもなければ、世間的にも超有名人先輩の権威におじけづく後輩の意識もない、互いに脂の乗り切った世代の同輩の意識である。

ボーアは、その生い立ちに由来するのであろうか、仲間との議論を重視して考察を深めるタイプであるのに対して、アインシュタインは孤立沈潜型である。ボーアはそのインタラクティブな才能を活かして、当時既に自分のために創設された研究所のリーダーとして、開放的な組織運営で世界的な評判を得ていた。

「ボーアはコペンハーゲンにある大邸宅で生まれた。ボーアの父親は心地よいおしゃべりでゲストをもてなし、家の中は夜更けまで賑わっていた。父親はノーベル生理学医学賞にも数回ノミネートされた生理学者で、彼の三人の親友は言語学者、哲学者、物理学者としていずれもデンマークでは名の通った知識人であった。ボーアは非常に恵まれた子供時代を送った。彼は衝動的でやんちゃな子供で、取っ組み合いのケンカでは自分の腕力も知らずに友人をあざだらけにしていたが、悪意のない大きな笑顔を見せる少年であった。彼の優しさと謙虚さは、時折見せる鈍感な力強さとともに、生涯を通じて彼の特質として知られた」(ルイーザ・ギルダー『宇宙は「もつれ」でできている』山田克哉・窪田恭子訳、講談社ブルーバックス)。

生家が「大邸宅」なのは母方の祖母が銀行家の未亡人で、その大邸宅にボーア家が住んでいたからだが、大学教授の収入には似つかわしくない大邸宅が父親の開放的サロン活動の背景にあったのかもしれない。また、サロンの「哲学者」Høffding はプラグマティズムのジェイムズと交流のある哲学者であった(Stig Stenholm, The Quest for Reality-Bohr and Wittgenstein, Oxford UP)。

アルバート・アインシュタインの生い立ち

この経済的にも知的環境にも恵まれたボーアに比べ、アインシュタインの境遇は惨めなものだった。「アインシュタインの精神的発達に対して重要なこのチューリッヒにおける学生時代も、実生活の面からは彼にとって容易ならぬ時代であった。彼の父の経済的事情は極度に逼迫していたので、彼は息子の学資として何も出すことができなかった。アインシュタインは、ある金持ちの親戚から月々一〇〇スイス・フランを受けとっていたが、スイスの市民権を得るために必要な手数料を貯えるために、そのうちから毎月二〇フランを別にしておかねばならなかった。彼は卒業したらすぐ、スイスの市民権を得たいと望んでいたのである。真に物質的な辛酸をなめたことはなかったが、といって贅沢なことも何一つできなかった」（フィリップ・フランク『評伝アインシュタイン』矢野健太郎訳、岩波現代文庫）。

もちろん、あの時代に大学教育にすすむ若者は社会全体から見れば経済的にも裕福な層である。ただユダヤ人が進出した新職業は経済的に成功することもあったが、不安定なものもあった。アインシュタインの父はモーターなどを工場に売る会社を兄弟で営む中小企業主であったが、電力配電ビジネスの変動期の中で事業に失敗してしまう。そのためイタリアの親戚を頼ってドイツから移住する時期と彼の高校時代が重なり、卒業資格をとり損ねた。しかし、求職のためにも大学に進む必要があったので、「資格」を問わないチューリッヒ工科大学に入学するのである。

学者の社会にナマに触れるボーアの知的環境と違って、遠くから読書を通じて思い描くしかないのがアインシュタインの知的環境だった。「彼が愛読した哲学者のうちの主なるものは、ヒューム、マッハ、ポアンカレであり、カントもある程度読んだ。しかしながらカントは次の第二の観点から読んだものに属する。アインシュタインは、ある種の哲学者たちが、あらゆる種類の事柄に関して美しい言葉で多少とも皮相的で曖昧な叙述をし、しばしば美しい音楽のように感動を起こし、この世界に対して夢と瞑想を与えるがゆえに愛読した。ショーペンハウアーはまったくこの種の著者であった。したがってアインシュタインは、彼の見解を何ら重く考えることなしに愛読した。ニーチエのごとき哲学者をも彼はこれと同じ範疇に入れた。アインシュタインはこれらを、彼がときどきいうように、他の人々が説教を聞くのと同じ「修養」のつもりで読んでいた」(フランク前掲書)。

一九一九年の一件

苦労した境遇だが、「論争」時点では、アインシュタインはボーアをはるかに超える有名人であった。この経緯には研究業績だけでなく政治状況もからんでいた。ベルリン大学に赴任後、身体をこわすほど集中して一九一五年末に一般相対論を完成、中立国オランダの学者を通じて交戦中の英国に伝わり、戦中から準備した一九一九年の西アフリカでみられる日蝕を利用した実験的検証に成功し、一一月のロンドンの学会で発表された。『ロンドンタイムズ』の見出しは科学記事風だったが、三日後に『ニューヨークタイムズ』の記事になった時には「光は天ではゆがんでいる」などとタブロイド版の話題に伝播し、「ニュートン理論が覆っても、今日も太陽は東から出た」という訳の分からない見出しも踊った。戦禍と革命で呪われた地上の世界から、眼を天上に向けさせ、終戦の虚脱感と開放感の交じり合った中、交戦国同士の科学者が協力してニュートン以来の大発見をしたという美談は深く多くの人々の心に染みたのである。

「一九一四年に、アインシュタインの名前は、この偉大な物理学者自身の家庭以外ではほとんど日常語ではなかっただろうが、世界大戦の終わり頃までには、「相対性」は中央ヨーロッパのキャバレーで、すでに辛口のジョークの種になっていた。第一次世界大戦の数年間にアインシュタインは、その理論は大半の一般人にとって全く不可解だったにもかかわらず、その名前と顔が全世界の教養ある非専門家大衆の間で広く認知された、おそらくダーウィン以来、唯一の科学者となっていた」(E・J・ホブズボーム『帝国の時代』野口建彦・長尾史郎・野口照子訳、みすず書房)。

しかし、敗戦の混乱と疲弊のドイツで「有名人」になることには大きな反動をともなった。戦中の愛国心高揚や身内の戦死、敗戦による経済混乱など、生粋のドイツ人同僚たちの味わった悲惨と対比すれば、アインシュタインに訪れた戦勝国米英仏日での歓迎や栄光は、彼らにとっては怨嗟の的でもあり、ナチスによる彼の排斥運動を支えた「声なき声」の下地ともなった。

「物理学の世紀」の三段階

量子力学誕生も「論争」も二つの大戦に挟まれた「戦間期」の慌ただしさを滲ませた出来事

として第二次世界大戦後に持ち越された。

二〇世紀の終わりに書いた拙著『物理学の世紀』（集英社新書）で「百年のうねり」を

第一期　X線から量子力学まで
第二期　原爆からクオークまで
第三期　コンピュータと量子工学

の三期の推移として描いた。

第一期は相対論と量子力学という一般理論が確立した時期である。ここで「一般理論」とは、LEDからDNAまで、素粒子からビッグバン宇宙まで、全く異なる対象の探求に貫かれている法則を扱う理論という意味である。天上と地上で同じ法則が貫くことの発見がガリレオ・ニュートンの科学革命であったが、その継承で、宇宙から生物までの存在を原子のシステムとみなすことを可能にする新たな「一般理論」へのバージョンアップであったといえる。

第二期はこの一般理論を携えて、結晶構造や化学反応を操作するだけでなく、宇宙から生命までの自然界の探索をすすめ、力強い科学技術や医療技術を創造し、それまでとは桁違いの資金を研究に使う巨大社会組織に変貌した。第三期にはハードウェアのシリコンテクノロジーの驚異的進展に支えられ、情報科学が前面に登場して、現代のネット社会やAIが人類を超えるなどと語られるようになった。

「黙って計算しろ」の時代へ

量子力学をツールに人間の操作可能な世界を原子レベルまで拡大したというのが現在の物理学の到達点であり、その影響は拡大の一途である。ところが、この力強い物理学のアイコンともいうべきアインシュタインが量子力学に疑問符をつけていたというは、いささかスキャンダラスな話である。彼は死ぬまで態度を変えなかった。彼の強風に吹き飛ばされぬようボーアは「相補性原理」という煙幕を張ったのが功を奏して台風をしのいだが、大方の研究者には真意は伝わらなかった。奇妙なことに、そんなことは一向に理解できなくても何の支障もなく、量子力学は強大な威力を発揮して今日の量子技術の域に達したのである。そうすると、何の支障もない、どうでも良いことで二人は「論争」したのかとなる。これがこの「論争」の現代的課題でもある。

「アインシュタインとボーアにわからない難問など、どうせ君にはわからないのだから、黙って計算しろ」と、「論争」はお飾りにされていた面もある。完全かどうかなどに迷わず「黙って計算しろ（shut up and calculate）」に従ったところ、事実、支障なく物理学は発展してしまったのである。量子力学は使う場面をどんどん拡大させ、ハイテクから超弦理論まで、拡大した。

これらはみな「黙って計算しろ」の成果である。この間、一九二五年版量子力学の小骨一本いじっていない。つまり、いまアインシュタインが生き還ったら「そもそも基礎が……」と再度イチャモンをつけるかも知れないのである。

グーグルでshut up and calculateという成句を検索すると、まさにここでの意味の項目が多数引っかかる。アメリカではこの成句を書き込んだTシャツ、マグカップ、バッグなどのグッズがネットで売られている。この成句をめぐる論争は、研究界のエートスの変容をも提起しているのであるが、あれこれの中身以前に「哲学って何?」という根源的問いに遡及し、「わかるって何だっけ?」と、現在の理工系の学問の学習や研究の場に不似合いな珍問の侵入にとまどうのである。

第２章

決定論からの脱出

―― 一般理論のイデオロギー

「一般理論」としての量子力学

二〇世紀物理学の二大巨頭、アインシュタインとボーアの間で九〇年前に交わされた論争は「科学とは何をするものか?」という科学のメタ理論を喚起しているということが本書の主題である。つまり、量子力学の数理的な構成そのものの改変が主題ではない。とはいえ、具体性を持たせるために少しそこに触れる必要もあるだろう。

まず物理学の内容には、「一般理論」とそれを基礎にした様々な「対象の解明」という、二つの側面があることを指摘しておく。様々な対象にはそれこそハイテクから素粒子の超弦理論まで含まれる。レーザーとブラックホールは存在物としては相当異質なものだが、「一般理論」はそれらを同じ理論で括っている。

化学や生物学で扱う対象にはこんな途方もない広がりはない。例えば人間という存在の見方の革新が繰り返されるが、対象としては同一の存在である。化学や生物学では、基本的には、対象に〝触りながら〟の実験が研究を主導している。それに対して、物理学では、存在としての対象をいったん数理情報に置き換えて存在を離れ、その先は数理の原理に則した理論展開が可能であり、対象を忘却できたのである。そしてこれが、これまで実証科学として展開が可能であったのは、実験技術でそれを確認できたからである。

測定技術と自然の数量化

このように対象が途方もなく多様なのに一つに括れるのは、物理学の同じ「一般理論」の上に築かれていて、数理の赤いひもで結ばれているからである。ここで一般理論とはニュートン力学に始まる対象横断的に有効な手法・概念・語りのことである。対象を測定によって数量化して、数学的な世界に写したうえで、数理の原理で対象を解明する。ここで注意が要るのは数理の原理には狭義の数学的原理だけでなく、現実を数量に置き換える測定法やデータの処理法などの技術も含まれることである。近年、コンピュータの登場はこの面での革新をもたらした。

ニュートン力学の成立には天体運行の位置天文学の観測の精緻化があり、その背景には大航海時代に必要な天文航法と工作技術の進歩があった。一九世紀に入り、産業革命が進行するなか、力学を手本とする数理的定量化は光学、熱学、電磁気学に広がり、化学実験による元素の原子論の成功とあいまって、世紀末の三大発見（X線、放射線、電子の発見）を経て、二〇世紀初頭からはミクロの世界の解明に一挙に突入した。そして、二〇世紀後半でのハイテクの登場は人々の生活を変えただけでなく、宇宙や素粒子の科学の実験にも革新をもたらし、数理路線を促進した。

「一般理論で括る」で現実味

量子力学は、このニュートン力学を基礎に、実験技術の進展で新たに対象に加わったミクロの世界への拡大を見据えた「一般理論」である。ニュートン力学を基礎にそれを改変する形で登場したものであり、それ以前の一般理論は古典論と総称される。

この一般理論が生物を含む物質界の解明に定量性のある手段を持ち込んだことで、一九五〇年代にはその影響は大きく拡がり、「物理帝国主義」と呼ばれた。物理学は、原子から素粒子の内部まで、さらにビッグバン宇宙の初期までも、研究のフロントを広げていった。感覚的には全く実感のないこうしたフロントの研究が現実性を主張していられるのは、生活を一変させた実感のあるハイテクの一般理論と共通のものとして括られているからである。だから、モノは違うのに、一般理論としては一括りのものであるとする看板は外してはいけないのである。

九〇年間もバージョンアップ不要のスグレモノ

さて、ここでの議論は、このモノを離れた一般理論としての量子力学である。多彩なモノが次々と新登場した二〇世紀後半のめくるめく物理学の展開にもかかわらず、それらはすべて一九二五年に登場して一九二七年頃に数理的には完成した量子力学という一般理論から一歩も出ていない。

「一歩も出ていない」というとマイナスにも響くが、そうではなく、一歩も出なくてもボロが出なかったと考えれば、超ポジティブな言辞なのである。もっとも、ボロが出てこないのは、前章で述べた「黙って計算しろ」の精神の成果だからかもしれない。同じ道具で見えることだけ見ているからボロが出ない、と。ただ、こういう意地悪い見方をしたとしても、過去九〇年の現実は一般理論としての量子力学の偉大さを引き立てるに十分である。こんなに長くバージョンアップ不要のスグレモノなのである。

本書の題材は九〇年前の一般理論

ここで誤解が生じないように、一つ注意しておきたいことがある。私はたまたまこの「一般理論としての量子力学」の応用の上に築かれた現代物理学の先端的な研究にも従事し、それに関する一般書なども上梓してきた経歴のある者である。そのために、本書で展開される議論がそうした「九〇年」の間の物理学の大展開で明らかになった最新成果の話のように誤解されるかもしれないと危惧している。本書では確かに「九〇年を踏まえた」と強調するが、それは先述のように「九〇年経ても変えなくていい」の意味である。「大進展」は一括りにしてその証明として言及されているだけであり、本書の主題ではない。本書で題材にしているのは、「九〇年」の試練で輝きの増した、スッピンの量子力学、「九〇年」前の数理理論、である。登場するのはせいぜい原子や、電子や、光子であり、量子ドットや量子磁束、グラフェンやトポロジカル物性、NMRやSTM、クオークやニュートリノ、量子ブラックホールやストリング理論、インフレーション宇宙やマルチバース……などはいっさい登場しない議論である。

接していれば安心

本題に入ると、一般理論としてのニュートン力学のポイントの一つは時間的な決定論であった。閉じた系では、現在の状態が一義的にその後先と結びついているというものである。〝閉じた〟とは着目する要素だけから成る系という意味であり、そういう局所的に囲い込みが可能だという主張である。ものごとはすべての絡みあいの中で決まっているとする全体性やホーリズムの考え方からの決別であり、要素還元的に要素に法則性は宿るとする見方である。

宇宙のあらゆる物体の位置と運動量の現在値から過去も未来も完全に分かるというニュートン力学の境地をラプラスが豪語したのは、人間主体の啓蒙主義の心意気の表明でもあった。ある状態に無限に接近した別の状態が存在しており、他の状態への変化は、〝無限小の変化を無限回繰り返して〟、連続的かつ一義的に連なっていくことを表現する数学が微積分学である。安易に「無限」を弄ぶこの手法の様々な病理がその後に露呈したが、「黙って計算せよ」の精神なら、扱いやすい道具なので手放せない。それに、バラバラにされた時に感ずる不安を解消するには、絆ではないが、接していることが一番である。ところが、量子力学の量子はこの連続性に疑問符をつけるものである。

機械仕掛けへの反逆

このラプラスの魔物の概念は、「科学が台頭し王権が失墜した一八世紀後半に一世を風靡した。決定論とよばれ、当時は洗練された新しい科学的な考え方とされていた。偉大な時計職人が宇宙という巨大な時計のぜんまいを巻き、あらゆる事象が設計されたとおりに正確に展開してゆく。ところが、一世紀半ほど経って同じような不安定な時代になると、思想の潮流は因果律に逆らうようになる。一九一八年のドイツの思いがけない敗戦以降ワイマール共和制下の知識人、著名人、あるいはハイゼンベルクも参加していた自然回帰を目指すボーイスカウト運動は、機械論的な原因と結果の連鎖を超越するような「不合理性」や「全体性」を渇望した」（ルイーザ・ギルダー『宇宙は「もつれ」でできている』山田克哉ほか訳、講談社ブルーバックス）。

前章でも記したように、量子力学誕生は中部ヨーロッパの政治的激動の時期と重なっている。これが単なる偶然か、それとも連動しているのか、答えは自明でない。科学が、産業的にも、知的権威的にも存在感が増して社会変動を引き起こしていることを実感した人々が、伝統社会から離れることへの戸惑いや不安の感情で科学を強く意識した時代であったからである。激動する社会での宗教、文化、倫理、思想、哲学などの再編の中に科学の位置をはめ込む作業が主題化していた時期の中に「誕生」はあったのである。

人間の深層へ

「ギリシャ以来のミュートスとロゴスの対立は、この一八八〇年代から一九一〇年代の世紀末を挟んだ時代の精神状況では、自然科学と批判的実証主義が神学をも含めた全学問領域を席巻する状況になればなるほど、神話の世界への還帰、人間の基を求めようとする知の動きは感性の復権となってあらわれる。そこではイメージ、想像力、象徴による解読がなされる。人間の深層に宿る基層を通して太古の人間と現代人とが交感し合うものを求める。これはたんなるロマン主義でなく、自然科学を触媒にしている」（上山安敏『神話と科学』岩波現代文庫）。ヘーゲルが推奨するプロイセン官僚国家の整然たる、生活の隅々まで組織化する合理性への息苦しさを人々は感じ始めていた。こうして定量的厳密科学の進展と背馳するかたちで、社会の潮流には前章に触れたシュペングラー『西洋の没落』が拡散する下地が顕在化していた。人々は現在が未来を確定的に決めるという微分方程式のイメージに堪え難くなっていたのだ。対象を離れた一般理論を語る概念や言語は社会思潮と同調しやすいのである。対象が席を空ければ、その空所に形而上学やイデオロギーが座るのは自然なことである。

連続から量子ギャップへ

一般理論としての量子力学はこの古典論の連続性を否定することから始まった。量子quantumとは、作用という次元を持つ量には最小単位hがあって、それ以上分割できないということである。この量子は、一個、二個というように、自然数で算《かぞ》えられる状態しか存在しないのである。ここで「次元」とは長さとか重さとかの物理量を数字で表す時の単位のことだが、力やエネルギーと違って作用の次元を持つ角運動量といった物理量にはあまり馴染みがないかもしれない。

しかし物理量はみな互いに数式で結びついているから、作用次元の量がhの整数倍だけとなると、エネルギーとかの馴染みの量にもその影響が及んで、飛び飛びの値しか取れなくなる。

こうして古典的な時間的空間的に連続的な運動のイメージは否定されてくる。微分方程式に従って、連続的に繋がっている経路をたどって未来に行くのではなく、未来の飛び地には橋はなく、ジャンプが必要になり、この連続性の否定が決定論の否定に感染するのである。

hと比較して、古典論で扱う物理量の変化は巨大なので無視してもよかったが、ミクロ世界での変化量はhの程度に小さく量子のギャップを無視できなくなるのである。ちょうど、実態はゴロゴロした分子の集団なのに、巨視的に粗っぽく見れば滑らかで連続的な水として扱えるようなものである。この説明でもう一つ肝心なことは、五感による認識で形成されてきた言語・概念を基礎にして、五感的でないミクロ世界に対峙している人間物理の構図である。決して無人物理ではないのである（拙著『科学者、あたりまえを疑う』青土社、第三章）。

〝たどる〟から量子遷移へ

物理量が飛び飛びの離散値しか取らない実例として、例えば、エネルギー状態が二つの原子を考えよう。状態の差とは原子内での電子の運動状態差による。エネルギーの上の状態は自然に光子を一個出して下の状態に遷移し、また下の状態にある原子に遷移に必要なエネルギーを持つ光子を照射すると上の状態に遷移する。二状態だと、行き先は一つしかなく、遷移は決定論にみえるが、何を契機に、どの時点で、どんな経路で、遷移するのかに注目する必要がある。

量子力学はこの遷移を平均寿命が与えられた確率過程として記述する。

ある状態から途中経過をたどって別の状態に推移するのではなく、途中経過なしのジャンプ、量子遷移として記述する。自発的にジャンプするので、その時刻を予想はできないが、無法則ではなく、平均時間が与えられた確率法則に従うというものである。

状態ベクトル

この量子遷移の記述のために次のような状態ベクトルを導入する。まず、原子の状態を、

$$|\Psi\rangle = \alpha(t)\,|\text{上}\rangle + \beta(t)\,|\text{下}\rangle$$

のように、上の状態$|\text{上}\rangle$と下の状態$|\text{下}\rangle$のベクトルとしての重ね合わせで表す。上の状態にある確率は$|\alpha|^2$、下の状態にある確率は$|\beta|^2$である。いま、時刻$t=0$で原子を上の状態にセットしたとすれば$|\alpha|^2=1$、$|\beta|^2=0$である。そして時間の経緯とともに$|\alpha|^2$は減少し$|\alpha|^2+|\beta|^2=1$となるよう$|\beta|^2$は増加する。量子力学はこの連続的に時間変化するαやβを決定する。同様に、下の状態にセットした原子に光子を照射した場合のα、βの時間的変化も、その設定に応じて計算で与えられる。

状態ベクトルと現実の関係は、この原子が二状態のいずれにあるかを判定する測定を行った際に、上である確率が$|\alpha|^2$、下である確率が$|\beta|^2$であるということである。確率とは、測定した際の予測に関わるもので、そこに平均寿命とか半減期といった概念が登場する。数多くの同一の系を用意して、一斉に測定した際のデータに見られる法則性について量子力学は語っているのである。その意味では、Ψは測定と無関係に対象に自存するものではなく、測定する主体の側に存在するともいえる。

状態ベクトルが測定に依存するものであることを如実に示すのはスピンの例である。電子はスピンという磁性を持ち、その向きが二方向に限られる。それを上向き、下向きと呼べば、状態ベクトルは、

$$|\Psi\rangle = \alpha(t)|上向き\rangle + \beta(t)|下向き\rangle$$

となる。もっともここで上向き、下向きとは実空間の任意の方向に勝手に設定してよい。イメージしやすいように地上での鉛直方向での上向き、下向きと呼ぶことが多いが、横向きに測ったり、斜めに測ったり、測る方向は自由である。例えば、上向きにセットしたスピンを横向きに測れば左右の確率は左右半分ずつとなる（下向きにセットした場合も確率で見るとこうなるが、α、βで見ると符合が違っていたり、位相の差があり、上向きとは違うΨの状態である）。上向のスピンに「横向き

か？」と問いかける測定をすると、「違う！」と応答するのでなく、「半分そうです」と答えるのである。

どう見ても、このΨは対象自体を記述しているというよりは、対象に関する測定者の情報を記述しているようにも思える。あたかも、後に見るマッハの「理論とは観測の総括に過ぎない」という言葉を彷彿とさせるスタンスである。

ハイゼンベルクとアインシュタインの対話

このΨはいまでもシュレーディンガーの波動関数と呼ばれるが、その中身は導入した本人の意図とは全く違うものである。こういう歴史の捩れが量子力学の解釈を複雑にしており、関わりたくないから迷わず「黙って計算しろ」、と言ったボーアの思想善導が賢明な策であったことが頷ける。しかし、後年、ハイゼンベルクが生々しく描いているように、このΨ登場直後の困惑は強烈なものだった。

一九二五年の論文で注目を浴びた翌年春、ハイゼンベルクは、ドイツ物理学の牙城ベルリン大学での講演に招待される。ハイゼンベルクは二一歳でミュンヘン大学の博士号を得て、この時は二四歳、ゲッチンゲン大学のボルンの助手で、第一論文後にボルンとヨルダンが加わって一一月には行列力学の論文を出していた。この時の講演を量子論創始者プランク、アインシュタイン、フォン・ラウエらが聴講した。講演の後、アインシュタインはハイゼンベルクを自宅に招いている。ハイゼンベルクはこの時の対話を自伝『部分と全体』（山崎和夫訳、みすず書房）に長文で再現している。改めてのアインシュタインの問いかけに「原子の中の電子の軌道は観測できない」とハイゼンベルクが繰り返すと、アインシュタインから「本気で信じてはいけません」と諭される。ハイゼンベルクは「まさにあなたこそ、この考えを相対性理論の基礎にされたのではなかったのでしょうか？」と問い返すと、アインシュタインは「おそらく私はその種の哲学を使ったでしょう、しかしそれでもそれは無意味です」と答えた。

世紀転換期、〝理論というものは、思惟経済の原理のもとの観測の総括に過ぎない〟というマッハの考えはよく知られていた。そしてアインシュタインは相対性理論でこれを決定的に使用したと言われていたし、それに倣ってハイゼンベルクも論文の書き出しを「原理的に観測される量の間の関係に基礎をおいて、量子力学理論の基礎を構築することを目指す」としたのである。にもかかわらずアインシュタインが正反対のことをいうのにハイゼンベルクは驚いたという。

マッハとニーチェ

「観測可能な量の間の関係」や「思惟経済」をキーワードとする実証主義哲学とよばれる系譜に連なっているマッハに対して、アインシュタインの態度は相対論創造時と量子力学創造後で大きく変わっていた。一九世紀後期に教育を受けた多くの物理学者がマッハを偉大な教師と讃えたが、二〇世紀に入って原子論が定着するとともに変化し、物理学の世界でマッハは既に過去の人であった。しかし、思想界では硬直した学界への不満表明のイデオロギーとしてマッハ主義は健在であった。

一時代前、マッハによる物理学の歴史的概念批判で解き放たれた科学の新世界に魅せられて、多くの俊英が科学に参入したのであった。それが世紀転換期をへた第一次世界大戦前の時期には、ニーチェと並んで客観的真理の探求としての科学を否定するような思潮としてマッハ主義は語られており、前章で触れたように、大学教育に対して責任を負う立場のプランクは、学生の間に蔓延するこの風潮は許せず、「マッハ批判」をしたのであった。

ボーアの強引なシュレーディンガー説得

アインシュタインにとってハイゼンベルクが受け入れ難いものであったように、シュレーディンガーの波動力学はボーアにとって受け入れ難いものだった。ハイゼンベルクは次のように語っている。

「一九二六年の九月、シュレーディンガーはコペンハーゲンにやってきました。ボーアはどこから見ても親切で温厚な、非常に立派な人物なのですが、思い込んだら歯止めが利かなくなるようなところがありました。いまも思い出すのですが、シュレーディンガーのいるところには必ずボーアがいて、「だがね、シュレーディンガー、きみはぜひとも理解しなくてはならないよ。そう、理解しなくてはね」と言っているのでした。二日後には、シュレーディンガーは具合が悪くなりました。彼は床につき、ボーア夫人がケーキやお茶などを運んでいくのですが、ベットの傍らにはいつもボーアが腰を下ろしていて、「しかしシュレーディンガー、きみは理解しなくてはいけないよ」と言っているのでした。このことがあってからはシュレーディンガーも、量子力学の解釈問題が、思っていたほど容易でないということだけは理解したようです」(サラム編『物理学に生きて』青木薫訳、ちくま学芸文庫)。

確かにシュレーディンガーは「シュレーディンガーの波動関数」が何者であるかについて発言しなくなった。

「波動関数」の存在論的身分

波動力学の波動関数Ψは、当初、原子内部の実在の波動と受け取られた。前期量子論の成果であるボーアのエネルギー準位を導出できる威力に感嘆して、多くの物理学者は一旦これで「一般理論」の完成と受け取った。物理量が数値ではなく行列で表されるという行列力学は、馴染みのない数学手段を登場させるので敬遠されたのである。この二つの数理理論は互いに関連することは明らかにされたが多くの物理学者にとっては抽象的過ぎてついていけなかった。

それに比べれば、波動力学は物質波という新たな実在の発見と思えば抵抗はなかった。使う概念・言語が不適当だから改めよと言われると戸惑って反発するが、馴染みのある同質のモノが新たに追加されることには痛痒は感じないのである。しかし、ボーアが執拗にシュレーディンガーに迫ったように、「波動関数」はモノの追加ではなくなり、その存在論的身分は不明になって漂うこととなるのである。

「コペンハーゲン解釈」から「ボ・ア論争」へ

ボーアはハイゼンベルクをコペンハーゲンに呼んで行列力学と波動力学を物理的に位置付ける解釈について長時間の議論を続けた。そして、別々に過ごしたクリスマス休暇のあけた一九二七年初め、各々、相補性原理と不確定性関係を手土産に再会し、そこから精力的にこれらを総合した「コペンハーゲン解釈」をまとめ上げた。

一九二七年九月、イタリア・アルプスの景勝地コモ湖畔で「ボルタ没後一〇〇年記念」と銘打った、ムッソリーニのファシズム政権の国威発揚の大きな国際会議があった。ここでボーアは「量子仮説と原子理論の最近の発展」と題する講演で「コペンハーゲン解釈」の全容を提示した。この国際会議には仁科芳雄も出席していた。

既に世間的な有名人であるアインシュタインへのナチスの排斥運動が強まっている時期で、アインシュタインはコモ湖には現れなかったが、翌月にブリュッセルであった第五回ソルベー会議「電子と光子」ではボーアと同席した。ここでアインシュタインは次々とコペンハーゲン解釈の矛盾を突くような物理の「思考実験」を提出してボーアとハイゼンベルクに挑んだ。これが「ボ・ア論争（アインシュタイン・ボーア論争）」で、一九三〇年のソルベー会議でも論争は続いたが、一九三三年の会議は中性子の発見をうけて原子核物理に話題は移行し、物理学のフロントは新しいモノをコペンハーゲン解釈付きの量子力学で解明する流れに変わった。「量子力学とは何か？」などに迷わず、「黙って計算しろ」に従えば面白いほど有用であることを多くの人が深く味わい始めたのである。また、この年、ナチスが政権につきアインシュタインもシュレーディンガーも亡命を余儀なくされ、政治状況も戦争に向かって歩み出す時代になった。

「波動関数」からヒルベルト空間の状態ベクトルに

一九三〇年にはディラックがいまでも通用する教科書『量子力学』（翻訳は岩波書店、初版一九三六年）を書き、一九三二年にはフォン・ノイマンが『量子力学の数学的基礎』（翻訳はみすず書房、初版一九五七年）を発表した。量子力学はもう「問われる存在」から「使いこなす存在」に変貌した。「波動関数」は実空間の実在の波動から、抽象的なヒルベルト空間の状態ベクトルに改宗させられ、確率を計算するための数学的存在に祭り上げられた。そしてその存在論的位置を問い出すと議論百出なので、コペンハーゲン解釈はそこを棚上げしたのである。そしてこの「黙って計算しろ」路線は大成功したのであった。前章で述べた「物理学の世紀」の第一期「X線から量子力学まで」を過ぎ、こうして時代は第二期「原爆からクォークまで」に推移していったのだった。

第3章

冷戦時代の量子力学論議

——「解釈することではなく、変革すること」

不安なスタート

一九〇〇年からの前期量子論を受けて、「一般理論」量子力学の数理理論が一九二五〜六年に提出された。そして、ボーアが主導する物理的解釈、すなわちコペンハーゲン解釈にアインシュタインが異議を唱えたが、一九二七年秋の物理学の権威者が集うソルベー会議を経て、量子学はミクロ世界探求の公認のツールとなった。物理学アイコンであるアインシュタインを排除しての不安なスタートであったが量子力学は、以来九〇年間、この〝お家騒動〟劇を忘れさせるように、ハイテク社会を創造し、自然観の革新をミクロ世界まで拡大したのであった。

コペンハーゲン解釈は、〝自然が発するメッセージを忠実に言語化する〟という素朴実在論からすると腑に落ちない懸念があった。これまで見てきたようにボーアらによる飛躍の背景は「世紀転換期」や「戦間期」の百家争鳴のヨーロッパ思潮と連動していた。ただ多くの物理学者が「スタート」に踏み切ったのは、このイデオロギーの変容を受容したからではなく、ミクロの珍獣や珍現象を暴き出せる血湧き踊る新世界探索の豊穣さに魅了されたからである。「黙って計算しろ」の思想善導策は、電子やニュートリノなどの新しいモノの登場で、タイミングよく偉大な効力を発揮したのである。

量子力学九〇年の裏街道

それにしてももう九〇年である。アインシュタインの異議の現代的意義を語るには、この間に山積みされた挿話が多過ぎる。「多過ぎる」のはこれらが学界の主要コースではなく裏街道に放置されて散在しているからだ。主要コースのテーマであれば、批判的検討に晒されて、それに耐えた意義が学界に共有される。人文・社会の学問と違って、自然科学では流儀や流派のない、無色透明な標準コースに従って学問は進展しており、主要コースからの逸脱をいち早く発見され正常化がはばかられる。これがトマス・クーンのいう通常科学のエートスである。だから、コペンハーゲン解釈という他の「解釈」の可能性を喚起するような言葉はやめようという意見もある。しかしこの言葉が九〇年前の〝お家騒動〟を記憶させる尻尾を導火線のようにひきずって存在しているのも現実である。

本書ではこの量子力学論議を、創設時に限定せず、「九〇年」の中で俯瞰したいと思う。「裏街道」には多くのトピックスが落ちている。例えば、粒子・波動二重性、不確定性関係、相補性、波動関数の収縮、ド・ブロイのパイロット波、EPR、シュレーディンガーの猫、量子エンタングル、ボームの隠れた変数、エベレの多世界解釈、宇宙の波動関数、ウィグナーの友人、デコヒーレンス、因果歴史論、ベルの不等式、GHZ、レジェット・ガーグ不等式、自由意思、量子計算、量子情報、エンタングルエントロピー、重力のエントロピー力説……が堆積している。いまあげた中には「裏街道」の表現が適当でないものも含まれるが、要は物理学の専門家に聞いて評価がユニークでないものなのである。「裏街道」は好奇心旺盛な部外の愛好家を引きつけるスポットだ。しかしながら、往年の宿場町の観光スポットのように、これら挿話群「相互の」あるいは「主要コース」との繋がりが見えないことに当惑する。

EPR論文から量子エンタングル実験へ

「裏街道」の多くは「主要コース」での専門的研究の進展を「解釈問題」の解消に繋げようとする動機からなり、結構、物理学全般に精通していないと真意は掴めず、いちいち説明すれば高度な物理学通論になるだろう。そこでここでは「EPR論文から量子エンタングル実験へ」という一本の筋を導入して時間軸とする。すなわち、EPR論文（一九三五年）が提起した量子エンタングルが、第三期の中で、実験により確認されただけでなく、ミクロの状態を能動的に操作する技術の段階に進展している、という流れである。二〇一二年度のノーベル物理学賞のサイテーション「個別の量子系を測定し操作を可能にする画期的な実験法の開発」が到達点である。

「ノーベル賞なら「裏」ではない」ともいえるが、長い歴史で見れば、明らかに「裏」が技術の進歩で「表」に転じたもので、大事な教訓は、技術の進歩が決着をつけるということである。

「裏街道」を見る「地図」

この簡潔な成功への道から見た理工的解説本は、テクノロジー絡みで、流行が始まっており、私も最近『佐藤文隆先生の量子論』(講談社ブルーバックス)を刊行した。ここでは実験が意義を持つという「実存的な」科学論も展開した。もっとも、「実存的な」という言葉を「人類の」という次元で捉えたものである。ただ、この「実存的な」という言葉には個人的に引きこもるイメージがあり、これを「人類の」に重ねる言葉の流用の危うさはあるが、詳しくは前掲書を見ていただきたい。本稿では「裏街道」の周辺に群がる政治、イデオロギー、社会思潮、制度科学などに視点をおいて見ていく。ただ「裏街道」のバラバラのスポットを位置付ける地図も兼ねて前述の「一本の筋」を意識することは有意義であろう。

ともかく〝言い放し〟のバラバラなスポットなので、いくつかの大局的な枠組みを導入しておく。第1章で書いたが、本書では二〇世紀物理学の展開を三期に分けている。既に述べた第一期（〜一九四五年）「X線から量子力学まで」を過ぎ、第二期（一九四五〜一九八〇年代後半）「原爆からクォークまで」を間に挟み、第三期（一九八〇年代後半〜現在）「コンピュータと量子工学」で量子エンタングル実験の登場があるわけである。この区分法では宇宙や素粒子での近年の進展は第二期の残存テーマに、第三期の技術で取り組んでいるという見方になる。

また量子力学論議を、創設時の「A　一九世紀後半からの知的世界の新勢力である科学と人間をめぐる論議」だけでなく、「B　第二次世界大戦後の冷戦期のイデオロギーの時代」と「C　一九八〇年代後半以後の量子技術の時代」に拡大する。

政治体制の対立が地理的区分を越えた思潮や文化の枠組みを形成したという意味で「冷戦」を捉えているが、具体的には「米ソ対立」のことである。しかし最近、中国の存在感が増すにつれ、ソ連崩壊後の新たな「冷戦」が語られ始めている。実際、EPRの宇宙実験は中国一強で先行しており、こうした基礎科学での新プレーヤーとして中国が登場しているのだ。『SCIENCE』（June-17, 2017）などでは大きく報じられているが、いまは自国にも大きな研究界を抱えるようになったせいか、後述の一九五九年当時の日本と違って「海外事情」には鈍感になったようである。

ナチス政権・第二次世界戦争・原爆

前置きはこれくらいにして、前章の続きに記述を戻そう。量子力学が「公認のツールとなった」ことへのノーベル賞がハイゼンベルク、シュレーディンガー、ディラックに授与された一九三三年はナチス政権が登場した年でもあった。ユダヤ人迫害さらにドイツ周辺国のナチス化によって、ヨーロッパ研究界には激震が走った。ドイツ語圏に多い量子力学論議の主役たちも巻き込まれ、みな散り散りになった。さらに中性子発見（一九三二年）に続く核分裂の発見（一九三八年）は、世界大戦勃発の中で、ヒロシマ・ナガサキでの原爆の炸裂につながった。ボーアもアインシュタインも、さらにドイツに留まったハイゼンベルクも、この原爆の出現にいろいろな形で関わった。こうした状況の中で量子力学論議が中断したのは当然であった。EPR論文は年表上では第一期だが、ここでは第三期の嚆矢と位置付けるので、その段階は第5章、第6章、第7章で論ずる。

坂田昌一「量子力学の解釈をめぐって」

話を「B　第二次世界大戦後の冷戦期のイデオロギーの時代」に進めよう。定番の語りがない中で、自分にとって記憶に残っているテキストを取り上げたい。それは『科学』（一九五九年一二月号、岩波書店）に掲載された坂田昌一による対話形式の「量子力学の解釈をめぐって」である。

A　量子力学の解釈をめぐる論争はとっくに片づいた問題だと思っていましたが、近頃また
だいぶやかましく議論されているようですね。

B　一九五二年頃からでしょうか。ボームがいわゆる隠れた変数を用いた決定論的解釈の可能性を示したのがきっかけで、その後ヴィジェ、ボップその他の論文が続々とあらわれました。

波動力学の創始者ド・ブロイをおし立てて、コペンハーゲン解釈に対抗する動きがあるという「海外情報」の解説をB（坂田）に依頼したのだ。

A　ソ連では以前からコペンハーゲン学派に対する批判が強かったときいていますが。

B　その通りです。しかし、初期の批判は主として哲学者によってなされたものです。哲学者と物理学者が共同して批判を深めていったのは、レーニンの『唯物論と経験批判論』出版二五周年記念が行われた一九三五年頃からではなかったでしょうか。著名な物理学者ブロヒンチェフが量子力学は集団アンサンブルに対する理論であるという論文を書いたのは

ずっと後のことで、ボームの仕事が発表されたのとほぼ同じ頃でした。

A　そういう動きに対して、コペンハーゲン学派の人たちはどんな反応を示していますか。

B　ボーア、ハイゼンベルク、ボルン等コペンハーゲン学派の創始者たちがそれぞれ自分の立場から意見を述べていますが、論争の矢面に立ち、ボーアの哲学を極力擁護しているのはローゼンフェルトです。

A　コペンハーゲン解釈に反対する人たちには唯物論の立場をとるものが多いのではありませんか。

B　そうなのですが、ローゼンフェルトもまた唯物弁証法を支持している点が注目に値します。ソ連ではフォックがコペンハーゲン解釈を擁護し、ボームやブロヒンチェフを批判していますが、彼も唯物弁証法の立場をとっているのです。

Aが当然のように、冷戦期の思想対立の枠で問いかけるのには冷戦期の時代の雰囲気を感じるが、Bはソ連や西欧の左翼的人物の名を挙げて、「解釈」に対する態度は「冷戦期の思想対立」の枠組みで単純には捉えられないと説明している。

先の「対話」が「とっくに片づいた問題だと思っていましたが」で始まるように、唐突な「海外情報」に接して、この企画がくまれたことが分かる。きっかけは一九五七年のブリストル会議であり、さらに「会議」の背景の一つにボームがいる。彼は原爆の父オッペンハイマーのUCバークレー時代の院生でマンハッタン計画にも参加したが、共産主義の恐怖を煽って猛威を振るったマッカシー旋風の中で起こったオッペンハイマー尋問で、戦前の左翼活動が暴かれ、一九五一年、プリンストン大学助教授の職を失い、かつ拘束を恐れ、とりあえずブラジルに逃亡したが、その高い研究業績がかわれ、イスラエルを経て、英国の大学に移籍した。

解雇寸前の一九五一年にボームが出版した教科書『量子論』（翻訳は三分冊、一九五六〜五八年、みすず書房）はEPR論文のより明快な提示などを含み多くの読者を集めていた。研究上でも政治上でも時の人であったボームを中心にこの会議が開かれた。このブリストル会議は、「反共」の殉教者ボームを支援する西欧左翼の結集という政治事件の流れもあったが、タイミングとしては、しばらく戦争で塩漬けされていた「解釈問題」を「創業者」ではない研究者が論じ合う最初の国際会議として、「解釈」論争再開を告げる重要な意味を持ったといえる。

「隠れた変数」で決定論復活？

「決定論からの脱出」をはたした量子力学に、「隠れた変数」を導入して再び決定論を回復することは、法則性や合理性の根拠を物質に求める唯物論の立場に立つマルキスト思想と整合する方向であった。この枠組みで見ると先の対話が理解できよう。Bの解説によると、この会議の成果はノイマンの二つのテーゼ、「対象と測定装置の切れ目の自由さ」と「隠れた変数不在証明」が批判されたことである。厳密な数理形式の迫力で不動と思われていた「二つのテーゼ」の限界を暴き、不可能とされていた「隠れた変数」に路を開いたという。もっとも、ド・ブロイのパイロット波説の発展と言えるボーム説は「隠れた変数」説の一例に過ぎず、ノイマンの打倒がボーム説の査証ではない。

「二つのテーゼ」が提示されたノイマンの本（一九三二年）の検討も戦争で放置され、また、ノイマン自身は大戦と冷戦の中では計算機開発やOR（オペレーションズリサーチ）といった戦争への数学の応用に没頭しており、時代は大きく変貌していた。「解釈論議」も仕切り直しの時期であったといえる。

坂田の思想善導メッセージ

当時、私自身の受け取り方もそうであったが、この坂田の文章が発した大切なメッセージは、この海外から飛び込んだ量子力学解釈をめぐるあれこれの動向は「重要なものでない」ということである。坂田にしてみれば、興味もないのに依頼されたから解説はするが、それが物理学の進展にとって大事なものでないというメッセージを発したいのである。戦後民主主義時代の最中、左翼思想の物理学における導師であった坂田が我々のような彼のフォロアーに伝えたかったのは「こんな問題には近づくな」という思想善導であった。

坂田のメッセージはこの文章の副題〝肝心なのは解釈することではなく、変革することである〟に込められている。要するに物質世界の解明が原子、原子核、素粒子と着々と進歩するに従って、量子力学も変わっていくかも知れない。理論は、現象論、実体論、本質論と弁証法的に発展するとする武谷三段階論の中でも実体論が重要である。アインシュタインのように「理論が完全かどうか」などに拘るのも意味がない。理論の枠組みよりは実体論に即したハミルトニアンをどう実践的に書くかが問題である。実験による「現象論」で新しいモノ（「実体」）をみつけ、そうしたモノの探究の中でこそ、量子力学の次への本質論的発展も当然ありえるのである。量子力学創設時にボーアが独断を廃した研究の総合に示した見事な「コペンハーゲン精神」はいまや保守反動の「コペンハーゲンの霧」になっている。

「物理帝国」の正社員へ

「ともかくこの絶頂の時期にその身代を築いた理論に「傷があるかも知れない」などという話が流行るはずがない。坂田が位置付けた様に量子力学の「解釈論議」などは素粒子などの未知の物質の領域に挑む実践の中で提起されものである。光や電子や原子分子の基礎として物理帝国の繁栄を支えている量子力学の考え方に「もやもや」したものがあるなどと愚痴を言う奴は単に勉強が足りないか、思想教育が足りないかなのであって物理学の問題ではない。枠組みの問題ではなくハミルトニアンと新しい変数に目を向けよ。こういう雰囲気が濃厚な時代であった。そういう中で私も、少年を魅了した〝あぶない〟話題に溺れずに、「帝国」の一員としての使命に燃え、まともな物理学者になるべく大人の仲間入りを果たしたのである。間違いないのは〝もの〟であるというのが実感だったのではないかと思う」（拙著『量子力学のイデオロギー』青土社、第三章）。

自分の学部卒業時の回想を記したのはもう二〇年以上前のことである。他ならぬ『現代思想』誌上の連載（一九九五〜九七年）が想起させたことであった。この時期、第三期「コンピュータと量子工学」は始まっていたがまだ地味な存在で、坂田の御宣託のように「解釈問題」は「裏街道」にあった。当時、私の連載ではボームのマルキストからの変節ぶりを話題にしている。「反共」の殉教者であったボームが再び関心が集めたのは東洋思想も絡んだ「ニューサイエンスブーム」の中であるという奇妙さへのショックを吐露したものである。

一九六〇年代末の大学紛争やベトナム戦争の激動を受け、強固な思想面の冷戦構造は融解に向かっており、SSC中止に象徴されるように、冷戦崩壊が研究界の体制にも顕在化した一九九五年頃に書いた拙著『科学と幸福』(岩波現代文庫)はこうした歴史の見方に立っている。

ソ連公式思想部門での量子力学

話を坂田のテキストに戻すと、初期のソ連の公式思想部門でのマッハ批判は重要だった。それはレーニンが、『唯物論と経験批判論』(一九〇九年)の中で「マッハ主義」を攻撃のターゲットにしたからである。この批判ではスイスの哲学者アヴェナリウスと一緒にマッハは俎上に上げられた。唯物論との対比で攻撃されている「経験批判論」という用語はアヴェナリウスによるものである。しかしマッハがアヴェナリウスの巻き添えをくったというわけではない。マッハは『感覚の分析』の補遺の中でアヴェナリウスの主張が自分のそれと同じ方向であり、自分の考えが哲学的基礎を得て補強されたと表明していた。この二人自身はレーニンと人間的に関係はない。けれども、ロシア革命をめざすボルシェビィキの論客の一人であったボグダーノフらがマッハ・アヴェナリウスの説に共感して、心理的経験の社会的組織化という新たな社会科学が可能になると説いていた。これは物質の法則性に歴史の必然性を求めるマルクス主義哲学の根拠を切り崩すものだった。

マッハの全体像については、拙著『アインシュタインの反乱と量子コンピュータ』（京都大学学術出版会）で論じている。もちろんマッハは量子力学以前の人物である。ただ量子力学の創始者たちの人間教育に影響があった人物であり、アインシュタインも、ハイゼンベルクも、彼らの物理学創造の糸口としてマッハに言及していた。そこでソ連公式哲学では相対論も量子力学も観念論哲学の産物とみなしたのである。「物理学におけるコペンハーゲン学派は、微視的世界の諸現象における客観的因果性及び必然性の存在を否定する。ボーアその他の物理学者＝観念論者は、微視的粒子のうちに生起する過程は認識不可能であると宣言し、電子は意志の自由をもつとばかかげた理論をのべるまでになっている。客観的世界の中にこれに照応するなにものもたぬ科学における主観的範疇であるとみなされる」（ソヴィエト研究者協会編訳『科学と法則』三一書房、一九五五年）。

レーニンは何を恐れたのか？

「物質の構造とか、食物の化学的成分とか、原子や電子にかんする科学の学説は、古びることができるし、日一日と古びている。だがしかし、人間の思想を食物にすることはできないという真理、ただたんなるプラトニックラブだけでは子供をうむことができないという真理は、古びることができない。時間と空間の客観的実在性を否定する哲学は、これらの真理の否定と同じように不合理であり、内的にくさっており、いつわりである。観念論者たちや不可知論者たちの策謀は、大局的に見て、パリサイ人によるプラトニッククラブの説教と同じように、偽善的なものである！」（レーニン『唯物論と経験批判論』国民文庫版）。

この饒舌な語りの自由さにはウットリさせられる。レーニンはここで「学説が新たな学説を産み、次々と発展していく」という進歩主義の側に立つが、物質で繋がっているという真理は変わらない、という至極もっともなことをいっている。科学はそのことを実証的に実験で検証されねばならないとはマッハも強調したことである。レーニンは何に苛立っているのか？　一つは創造における自由である。真理探求での能動性と自由である。政治上はこの自由が危険であり、「真理は我が手中にあるから黙って付いてこい」という政治と科学の混同がここで見てとれるように思う。もう一つは「真理」は「物の」か「人間の」かである。マッハにいわせれば「物の」も人間を通して見た「人間の」だというのだから、こちらは確かに巨大な割れ目である。政治家レーニンにとっては「真理」はどうでもいいが、「人間の」とすると政治的「自由」を誘発すると恐れたのかもしれない。

マッハは何者か？

いまなら個人の価値判断の次元に任されるこうした哲学論議を、当時は、国家的に統一することが真面目に論じられていたのだ。次のテキストは日本でのこうした雰囲気を伝えている。一九三〇年刊行のハイゼンベルク『量子論の物理的基礎』（みすず書房）の翻訳が一九五四年に出版されたが、玉木英彦（当時東大教授）は「訳者のあとがき」に次のように書いている。「唯物論の側からは、悪名高きマッハ主義者ハイゼンベルクが唯物論の敵コペンハーゲン精神の宣伝をやっているこの本を、わざわざ訳すことに抗議がでるかも知れない。しかし、ハイゼンベルクはヨルダンほどマッハ主義的ではないし、……」。

まるでマッハは疫病神のようである。第1章に記したドイツ学術界をゆるがした「プランクのマッハ批判」といい、この「レーニンのマッハ批判」といい、マッハは何故それほど危険視されたのであろうか？　世紀の変わった頃から自分なりに考察し一端は拙著『アインシュタインの反乱と量子コンピュータ』にも記した。捉えどころのない人物だが、量子力学の語りにはどこまでも付いてくる人物だと私は思っている。

第4章

冷戦イデオロギー構図からの脱却

——一九六〇年代末の転換

いまや重点推進課題――量子情報

二〇一七年夏、連日、「加計学園」追及の対応で忙しかった文部科学省は、国会も休会に入ったお盆の頃、「量子コンピュータ開発に集中投資」と発表し、未来志向の明るい話題として、各所で大きく報道された。これが本書のテーマである量子力学論議の現在の姿である。前章では物理学の「裏街道」などと表現したが、いまやその「裏街道」は国家推奨の「陽の当たる表街道」に衣替えしているのである。

同じテーマなのに、物理学の研究界、あるいは科学技術政策の中で、劇的にその身分を変えたので、物理学の歴史語りを見る際にも、どの時期の話かに注意する必要がある。第1章で、二〇世紀物理を三期に分けたが、前章と本章は第二期「原爆からクォークまで」の冷戦下の時代を扱っている。この時期は第三期「コンピュータと量子工学」に突入する一九八〇年代中頃までの時期である。それ以後は量子力学論議の「裏街道」が「表街道」に仲間入りし、二一世紀に入った現在では他を出し抜く優等生に変貌しているのである。

ボーム騒動――冷戦下の政治事件

さて、本題に戻ろう。第二次世界大戦後まもなく、ソ連が原爆を持ち、アジアでも共産国家が広がる中、米国内の左翼分子を国際共産主義への内通者として暴くマッカーシズムが一時猛威をふるった。大戦前のＵＣバークレイ学生時代の米共産党との関係を暴露されたボームも内通者の嫌疑がかけられた。オッペンハイマーがロスアラモスに赴く以前のことであり、一〇年以上も昔の話だが、当時はオッペンハイマー研究室の幾人もが左翼活動に関わっていた。オッペンハイマーの弟や後に妻になるキティもそうした活動家だった。彼らを突き動かしていたのはスペイン内戦への国際連帯であり、さらにサンフランシスコ・ベイエリアの港湾労働者の組織活動の周辺に、義憤に駆られて行動する学生や文化人がおり、オッペンハイマーは大枚をカンパしていた。

大戦で時代もすっかり変わったのに、ボームが過去の学生時代の話が蒸し返されたのは、勿論、いまや政治的人物となった原爆の父・オッペンハイマーの周辺で学生時代をおくったからである。順調にプリンストン大学の助教授の職を得て、少壮物理学者のキャリアをスタートさせた矢先の出来事だった。召喚に応じなければ逮捕という事態に追い詰められて、海外に逃亡したのである（F. David Peat, Infinite Potential : The Life and Times of David Bohm, Basic Books）。

一方、終戦直後の時代、欧州の研究者には左翼的傾向が強く、米国での反共狂乱への抗議もこめて、ボームを殉教者として迎え入れ、ブリストルで彼を中心とした国際会議が開かれたことは前章で見た。フランス左翼の物理学者ヴィジェたちも研究面で呼応した。一九六〇年代初め、京都に来たヴィジェを見たことがあるが、映画俳優のようにカッコいい男だった。

量子力学論議の民主化

このボーム騒動は冷戦下の反共ヒステリーが研究者に及んだ政治事件であるが、量子力学論議での冷戦下の思想対立との関係は自明ではない。ボームに連帯を表明する研究集会のテーマが量子力学なのは、彼が執筆した教科書でEPR問題を鮮やかに提示したからである。この頃、彼はプラズマ物理でも先駆的業績があるが、量子力学の方が広く集えるテーマであった。次に「隠れた変数説」を唯物論的なマルクス主義に見立てたのは、冷戦構図へのいささか安直な当て嵌めといえる。政治の季節には、彼自身、何故ソ連は自分の説に賛意を表さないのだと不満だったらしい。だが、それも一時的なもので、「スターリン批判」や東欧民主化への弾圧などの時期になると、彼の共産主義への憧れは吹っ飛び、後期の彼の著作ではホーリズムに傾倒している。拙著『量子力学のイデオロギー』（青土社）の書き出しはこの「変節」への気付きであった。

さらに前章の坂田昌一の論評にもあるが、ソ連公式哲学は量子力学をマッハ主義と批判しているが、ソ連物理の研究界は量子力学に思想問題を持ち込むことを用心深く排除していた。むしろ「黙って、計算しろ」の西側のファインマンなどと競うスタイルの、場の量子論や多体問題での技巧的な展開において、フォック、ランダウ、リフシッツ、ギンツブルグ、ボゴリボフ、アブリソコフなど、ソ連量子物理学はその輝きを放ったのであった。

このように冷戦下政治事件としてのボーム騒動は、冷戦の哲学的構図との関わりは判然としないが、「ボ・ア論争」のように創業者同士に限定されていた量子力学論議を一般の研究者の間に解放して、戦後に再起動させるきっかけとなったことは事実であった。

実在・理解可能性・因果性

本稿の後半で触れる一九七〇年代以後の時期、「ボ・ア論争」時には自明であった量子力学論争の哲学的対抗軸はもう消えていたが、フランコ・セレリ『量子力学論争』（櫻山義夫訳、共立出版、一九八六年、原著一九八三年）により、この「対抗軸」を確認しておこう。

「三つの問題が議論される。ミクロ的対象（分子、原子、素粒子）は、人間の想像の産物にすぎないのだろうか、それとも物質的現実の中に客観的に存在するのだろうか？　物質は人間に理解可能なのだろうか、また物質の空間と時間による記述には意味があるのだろうか？　物理現象は、不可思議でまったく偶然に生ずるのだろうか、それとも因果的なのだろうか？」（セレリ前掲書）。すなわち、物理学の目標であった「実在・理解可能性・因果性」の三点に疑問符がついたのである。特に、物理学の身上は「物質の空間と時間による記述」での理解可能性である。

創始者たちの分裂

量子力学の登場は、それまで共有されていたこの「三点」について、その創始者たちの間に分裂をもたらしたのである。「コペンハーゲン・ゲッチンゲン派（ボーア、ハイゼンベルク、ボルンら）の答は、大体において否定的であったといえる。例えばボーアは「現象」という言葉の使用について、測定の記述という意味でしか同意しなかった。さらにその測定とは、必然的に観測装置の完全な記述を含み、したがって、原子的な対象そのものではなく、人間の採用した装置と対象との相互作用のことであった」（セレリ前掲書）。

このような「三点」に対する否定的な立場に対して、アインシュタイン、プランク、シュレーディンガー、エーレンフェスト、ド・ブローイは、その生涯を通じて反対であった。彼らをハイゼンベルクは次のように評していた。「彼らの考えによれば、古典物理の実在観念、もっと一般的にいえば、唯物論的存在論に帰る方が望ましいということである。すなわち、最小の構成単位が、観測するかしないかにかかわらず、石や木がそうであるのとまったく同様に、客観的に存在している客観的で実在的な世界像に戻るということである」（セレリ前掲書）。

ローゼンフェルド対ウィグナー

一九六〇年前後、超伝導や素粒子複合模型など、多彩で新奇なミクロ世界が拡大し、量子物理学は大発展した。ボーム騒動は解釈問題の存在を喚起はしたが、こうした大躍進の最中に、量子力学の基礎にケチをつける動きなどは流行るはずはなく、前章で紹介したように坂田も「無視せよ」と忠告していた。

こんな中、「解釈問題」などは存在せず、コペンハーゲン「解釈」の呼び名もおかしいと、ローゼンフェルドは唱えた。彼はボーアの秘書役として、欧州科学界では、東西を繋ぐ世界科学者連盟や、東西平和共存を唱える左翼の指導的科学者であった。辛辣なパウリはボーアの親衛隊のようにふるまうローゼンフェルドを「ボーア×トロツキーの平方根」と評し、ボーア七〇歳記念出版が唯物論の祭典にならないか心配したという（Olival Freire Jr., The Quantum Dissidents, Rebuilding the Foundations of Quantum Mechanics（1950–1990）, Springer Verlag）。

この左翼スポークスマンに対抗する大物右翼として登場するのがプリンストンのウィグナーである。波動関数の「収縮」の部分に量子力学の未完成部分があるが、彼は解釈問題は人間の主観的認識過程にまで及ぶ可能性もあるという論をはった。カトリック司祭の物理学者であった柳瀬睦雄との共著論文もある。

測定過程は次の二段階からなる。重なった状態にある測定されるミクロの対象は、測定器Mと接触させると測定の第一段階として、

(|0〉+|1〉)|M〉 → |0〉|M0〉+|1〉|M1〉

のように、測定器のM0とM1というマクロ対象の重なった状態が現れる。これが「シュレーディンガーの猫」でいうマクロ「猫」の生死の重なった状態のことだ。測定過程はこの第一段階では未だ完了せず、M0かM1に出会う測定の第二段階で完了する。「猫」なら重なっていてもいいが、これがMを「ウィグナーの友人」にかえると、「友人」なら自己意識があるから「猫」と同じにはいかなくなる。コペンハーゲン解釈はこの「第二段階」に深入りせず、「波動関数の収縮」という言葉で処理する。ウィグナーはここで「収縮」の起こるところは自由に設定できるとして、観念論の再来ともいえる論を展開したのである。

ウィグナーは量子力学への群論の適用でノーベル賞を受賞した大学者だが、亡命ユダヤ人として反共に燃え、ペンタゴンともつながり、一時は「統一教会」との関係も噂されるほどの確信右翼であった。関係ないが、妹はディラックの妻である。

測定の第二段階の熱力学的客観性?

ここに至って左翼の導師ローゼンフェルドは反撃にでざるを得なかった。「第二段階」も外界の客観的過程だとし、測定器のマクロ的特性に由来して、熱力学のように、一つの平均的マクロ状態が立ち現れる研究を奨励した。町田茂・並木美喜男の試みもこのながれである。

この「第二段階」を放置するのがエヴェレの多世界解釈だが、「第二段階」を回避する別の手法には波動関数(状態ベクトル)を登場させないフォン・ノイマン流の密度行列がある。状態ベクトルは中間的な数学的存在に過ぎないとし、問題を確率の中にすべて押し込んで先送りする手法である。

戦後量子力学論議「第一幕」のボーム騒動に続く、この反共軍事派のウィグナーと容共欧州左翼のローゼフェルドをシンボルにした「第二幕」は、〝安定した〟冷戦構造の枠内で、冷戦下のイデオロギー対立と無理にでも関連させる、やや古い対抗軸を意識していた。〝プリンストンのウィグナー〟といっても、彼ら亡命組は青年期に接した欧州思潮の洗礼を受けており、「ローゼフェルド対ウィグナー」はひと時代前の大陸系哲学の構図の再現ともいえるものだった。

哲学的対抗軸の希薄化

しかし大戦後に物理学の主な舞台となる米国では、かつての欧州で一般的であった哲学的洗礼を若者は受けていない。例えば、ボームらの左翼的行動も、スペイン内戦へ人道的義憤を国際共産主義がうまく組織化したものであり、唯物弁証法の影は薄い。これは、高校時代、坂田が友人からエンゲルスの『自然弁証法』の手ほどきを受けて左傾化したのとは相当違う。政治と哲学が束ねられていた日欧と米の差が気になってくる。ましてや、一九七〇年代以後では日欧でも米国型にかわり、科学での「哲学的対抗軸」は希薄になっていった。

拙著『破られた対称性』（PHPサイエンスワールド新書）に記したように、やはりマッカーシー旋風と闘った素粒子理論のチューのグループがUCバークレイにあり、「小さな赤い校舎」と呼ばれる民主主義を標榜する左翼なのだが、素粒子像については坂田派とは正反対であった。

冷戦構図の崩壊とベトナム反戦時代の若者

凡ゆる局面で、時代は、六〇年代末から七〇年代末にかけて大きく転換した。米帝国主義もソ連共産主義のいずれも、その道義的政治的オーラが剥げ落ちた。アメリカでは、公民権運動から戦局悪化でクローズアップされたベトナム反戦への若者の左翼的行動が高まったが、唯物弁証法への覚醒とは直結していない。

米大学で見るならば、単に自身の徴兵問題だけでなく、運動は、前の大戦での原爆開発などの科学動員をそのまま引きずっていた軍産学一体の研究界の体質の糾弾に発展した。とりわけ物理学の指導者、ゲルマン、ウィグナー、ノイマン、ホイラー、パノフスキーらの、ナパーム弾や空爆の手法まで助言する〝愛国行動〟が、一転して、反人道行為に見えてきたのである。先ず欧州や日本の大学や国際会議でこれら学者の講演拒否が広がり、それがUCバークレイやMITでの討論集会などにも発展し、米国物理学界の雰囲気が大きく変わった。

「原爆―冷戦―スプートニク・ショック」の中、国を背負って立つ心意気の米物理学会の張りつめた気負いは、続く一九七〇年代を通じて、急速に萎えていった。一人一人が自分を見つめて専門家の途に勤しむ、ある意味で当たりまえの研究分野として、新しい世代の若者に入れ替わっていった。そして不思議なことに、後述するように、量子力学論議が一部の若い研究者にとって気になる存在になっていったのである。

一九六〇年代末「世代対立」の緩和策――「フェルミ夏の学校」

戦時下の反ナチ抵抗が信頼の源泉となり、ラテン系西欧や英国では、中堅層に左翼的な研究者も多かった。彼らは大学紛争で広がった世代間断絶を緩和する策を考えていたが、イタリア物理学会が主催する「フェルミ夏の学校」のテーマを量子力学論議に選んだ。観念論的と批判されていたウィグナーも招待し、当初排斥の動きもあったが、結局、左右の政治的立場や、容共反共、親米反米の枠を超えた、物理学への関心で結びついた研究集会として「フェルミ夏の学校」は成功した。国際的にも話題になり、研究論文も増加しだした。前掲の『量子力学論争』の著者フランコ・セレリはその時の企画に関係した一人のようだ。

当時の多くのテーマは、「量子」と「古典」の切り替えが、注目する量子系を取り巻く環境によって客観的に決まっていることを示すことであった。量子世界の異常さをミクロ世界に閉じ込めて、従来の五感的自然観への動揺を沈静化することに努めた。量子力学で揺らいだ客観世界の動揺は唯物論の動揺へも伝染する危険なものだった。それは、近年クローズアップされている量子力学の奇妙さを殊更にえぐりだして制御する発想とは全く違う。むしろ制御できない奇妙さの隠蔽であったといえる。この状況を根本的に変えたのは半導体テクノロジーの進歩であった。つまり、様々な「観念」に意味を与えていた現実を把握する能力に大転換があったということである。

米物理学会誌での量子力学企画

「世代対立」緩和の中堅層の試みはアメリカにおいてもあった。『Physics Today』という、国際的にも定評のある、米物理学会の月刊情報誌の編集者が量子力学論議の企画を行ったのである。この唐突な企画の誌面に私も惹きつけられた記憶がある。掲載されたデ・ウィットの論文は、入門的にウィグナーの観測プロセスを解説し、エヴェレの多世界解釈の解説に至る、魅力的なものだった。さらに編集者のもう一つの企画は、読者投稿欄を拡張して二、三回にわたって盛りだくさんの読者の声を掲載したことである。デ・ウィットの論文に意見を言いたい人間を挑発したのだ。こういう「みんな専門家でみんな素人」のテーマを選んで、参加型学会の盛り上げに成功したのだ。

冷戦の落とし子エヴェレ

エヴェレの論文は一九五〇年代末のものだが、このデ・ウィットの論文でのネーミングの魅力もあり、これ以後注目された。ここに現れているエヴェレの空想的存在論は彼の経歴に関係していると私は考えている。もともと彼は化学工業を学部で修め、ペンタゴンの奨学生としてプリンストンの大学院にやって来たのだ。この分野は化学プラントのシステム論のことで、エヴェレは当初フォン・ノイマンを主査にしたPh.D.を想定していたのだが、同期の院生仲間のミスナーなどと親しくなり、ホイラーにPh.D.主査を変更したのである。

だから彼の量子力学の学習は、物理や化学の学生が「黙って計算しろ」の下で体験する、元素周期律にみる原子・分子の博物学的複雑性の存在論を完全にスキップしているのである。学生実験などでミクロの物質世界のリアリティに接した体験がなく、空想的物理主義への歯止めが欠落していたような気がする。ホイラーにしろオッペンハイマーにしろ、ミクロ世界の存在感というものを原爆や巨大核施設で実感していた。

エヴェレはこの論文でPh.D.を取った直後にペンタゴンに入り、核ミサイル体制の管理システムのプログラムを書き上げたという。多世界解釈が話題になりだした頃、十数年勤めたペンタゴンをやめて、外郭の会社を立ち上げて情報ビジネスを始めた。その時、アカデミアへの復帰も考え、ホイラーがアレンジしてボーアとの接触のためにコペンハーゲンにも行ったが、ボーアは全く評価していないことを知り、未練を振り切ったようだ。その後二〇年ほど情報ビジネスをやり、タバコの喫い過ぎの病気で五二歳で亡くなった（P. Byrne, The Many Worlds of Hugh Everett III, Oxford Univ. Press）。

『ヒッピーが如何に物理学を救ったか』

三つ目の動きは、一九七〇年代、「ベトナム世代」ともいうべき、虚脱感の中に放り出された新人物理学者たちの奇行である。『ヒッピーが如何に物理学を救ったか――科学、対抗文明と量子復権』（D Kaiser, How the Puppies saved Physics-Science, Counterculture and the Quantum revival, W. W.

Norton & Company）に綴られている物語はＵＣバークレイやサンフランシスコ地域での、ヨガなどの東洋文化志向や、ユリ・ゲラーらの超能力、フリッチョ・カプラの『タオ自然学』（工作舎）など、当時もて囃された「ニューサイエンス」ブームと伴走する形で、量子力学論議が形を成してくるという、日本では想像し難い物語である。特に、こういう怪しげな動きに、別荘を提供したり、支援する金持ちが登場するのには驚く。もっとも、私もインド仏教僧風の衣装のカプラに京都で会ったのは稲盛和夫が設けた食事会であったが。

一九七〇年代のこの奇妙な物語は先述の本に譲るとして、ここでも素粒子のような体制的物理学へのアンチテーゼとして、量子力学論議があったのである。

一九七〇年前後の試練

ともかく、一九六〇年代末を一つの転機として時代は大きく変わったのである。それは同時に各個人に行き方を問う試練の時代でもあった。私は、身軽な学生でなく、三〇歳前後の大学教員としてこの時期を通り抜けた。「ベトナムの悲劇」の報道は多くの人間の道義的義憤に火をつけた。かつてのスペイン内戦へのボーム達の義憤も似たものであったのだろう。当時、職員組合の依頼で、原子力潜水艦入港問題の学習会の講師をやったのが好評で、他の労組にも何回か出向いたことがあった。この米帝国主義のアジア侵略を糾弾している最中に、講座の林忠四郎教授がワシントン近くのＮＡＳＡの研究所への留学を勧めてくれた。当時は滅多にないチャンスだから「感謝」ではあったが、大胆にも〝勢いで〟断った。同時に、早急にこの研究室を出るべきだろうと考えて、他所の人事の公募に積極的に応募を始めた。久保亮五の研究室にも応募し、呼ばれてプレゼンもしたが、なかなか首尾よくはいかなかった。しかし、灯台下暗し、基礎物理学研究所の助教授に収まったのは幸運だった。

後に名古屋大学長にもなる早川幸男が、長い学者生活には海外経験はぜひ必要だと説かれ、ＵＣバークレイの宇宙線実験のグループを紹介してくれた。〝勢いで〟チャンスを逸した気分もあったので、渡りに舟でこれに応じたが、後に忠告の有難味が身にしみた。

ＵＣバークレイ物理学科

米国での大学紛争の聖地の一つでもあったバークレイに一九七三〜七四年滞在した。ヒッピーであふれたテレグラム・アヴェニューの光景には「ベトナム」が若者にもたらした絶望の深さを見る思いがした。赴任する直前に一般相対論と宇宙論のソルベー会議に招待され、欧州からニューヨークを経てカルフォルニア入りし、家族は太平洋を渡ってやって来てアメリカ生活が始まった。

当時、〝ソルベー会議帰り〟は決め言葉で、研究室のプライス（Buford Price）教授にも自慢であったし、学者社会を生きる貴重な手形を手にしたのは幸運だった。この頃、物理学科主任はカミンズ（Eugene Commins）という実験家であったが、初めにプライスに連れられて挨拶に行き、また、大物アールヴァレ（L. Alvarez）の訪中報告という教室の集会の折に、私の仁科賞受賞を披露していただいた。また、あのメーザ発明のタウンズ相手にハヤシ・フェーズの解説をした。当時、タウンズはマイクロ波測定から星間物質に興味持っており、京都からやって来た男がいるとプライスが売り込んでくれたようだった。世話好きな教授で、数学教室に所属する一般相対論屋に会う手助けもしてくれた。

量子力学実験の蠢き

後から知ったのだが、このカミンズとタウンズの周囲で、戦後量子力学論争劇の「第三幕目」の開幕があったのである。ＥＰＲ実験のパイオニアとなるクラウザー（John Clauser）が、タウンズのポスドクで給与を得て、カミンズが手がけて残っていた装置に手を加えて実験を始めていたのだ。多分、私がいた一、二年前のことかも知れないが、私のオフィスは五階だったが、同じバージ・ホールの地下二階で実験をやっていたという（ルイーザ・ギルダー『宇宙は「もつれ」でできている』講談社ブルーバックス、第29章参照）。

かつてＵＣバークレイの物理には加速器を使った素粒子発見のメッカという巨大な柱があっ

た。ところが丘の上のローレンス・ラボには土地がなくなり、高エネルギー物理のフロントは他所に移っていく時期だった。学生の溢れかえるキャンパスのど真ん中にある物理教室には、「巨大な柱」が抜けていくことへの寂寥感と解放感の入り混じった雰囲気があった時代であった。そうした「正統意識」の欠落の中で、当時は全く見えなかった量子力学実験の蠢きが始まっていたのである。

第5章

「不思議」をそのまま使う

——量子エンタングル技術

量子コンピュータ、お茶の間の話題に

夕食時、よく七時のNHKニュースをみるが、二〇一七年六月、量子コンピュータの話題がそこに登場したのをみて「エッ、お茶の間の話題にまで進んだの?」と訝った。最近は国際的に日本人の仕事が話題になっているとNHK的には「ニュース」になるようで、東京での量子コンピュータの国際会議を報じるものだった。いずれにせよ、これは本書のテーマである、かつては物理学の「裏街道」のテーマが、ここまで出世したのかという感慨を持ったものである。

「創始者」間の不一致

いまから九〇年前、ニュートン以来の大変革として登場した量子力学の評価をめぐって、ボーア、アインシュタイン、シュレーディンガー、ハイゼンベルクといったこの理論の創始者たち

の間で見解の不一致が露呈した。しかしこの理論を使った原子などのミクロ新世界の解明・利用に、この「不一致」は何の支障にもならず、「黙って計算しろ」のスピリットで第二次世界大戦後の科学技術の大ブームが起き、情報通信や医療の世界を革新し、人々の生活も大きく変わった。

「論議」は「不思議ネタ」発掘に貢献

文系の学問と違って、理系では正答か誤答かは明確であるというイメージがある。だから、「不一致でも支障がない」、「わからないけど使える」（ファインマン）などの事態には戸惑わされる。ましてや、国家の重点研究領域に指定されたり、ＮＨＫの七時のニュースでお茶の間の話題に登場したり、GoogleがD-Waveに投資したり、株式市場も注目したりといった最近の動向は、かつての「不一致」や「わからないけど使える」といった時期に量子力学を覆っていた霧がようやく晴れたので、訪れたのだと思うかもしれない。ところが実はそれも錯覚である。量子コンピュータ開発が進むいまも支障なく「不一致」は続いているのである。こうした「エンタングルメント（量子もつれ）」という「不思議ネタ」の発掘には、「不一致」や「わからない」にこだわった「裏街道」の量子力学「論議」が貢献したといえる。確実な「不思議」は「不思議」のまま使えばいいのである。

パラドックスは「未練」か

ファインマンは量子現象を「説明（explain）できないが、述べ伝える（tell）ことはできる」とし、「パラドックスは、こうあるべきだとするあなたの実在に対する思い込みと実在の間の衝突に過ぎない」と喝破している。つまり量子力学の「パラドックス」として語られる「不思議」は、あなたが自分の「思い込み」に執着する未練に過ぎない、と。生存に不可欠な身体的・古典物理的な「思い込み」と整合的な「説明」は出来ないが、「ここを押せば、あそこがへっ込む」という事実関係を「述べ伝える」ことは出来る。その記述には、〃人間離れした〃数理ツールとしての量子力学は実に強力である。そして「未練」を捨てれば「不思議」のパラドックス群を思うように組み換えることが出来るのだ。

人類は生存に不可欠な「思い込み」からはみ出た「不思議」に強く惹きつけられ、いつの間にか数々の「不思議」を自家薬籠中のものにしてきた。そして科学も「使える不思議」探しに参入し、真正な「不思議」の選別に威力を発揮している。

「科学業界」内と外

本書のテーマは「量子力学論議」である。量子力学論議の「不一致」や「不思議」の展開を、次の三つの時期、すなわち、「創造期」、「冷戦期」、「量子技術期」という歴史の中で見てきている。前章で「冷戦期」まで終わり、本章ではいよいよ第三期にあたる「裏街道」が「株式市場注目」に化けた一九八〇年代から世紀末までの「量子技術期」に入る。ただ二一世紀に入ってからの現段階を見ると、「論議」の性格は大きく変わってきている。そこで本章は論点を広げるための全般的な議論にあてたい。

この「論議」は科学という営みが人間にとって何なのかという科学のメタをめぐる論議だと私は主張をしている。これは「量子力学論議」の長い歴史の中でも決してメジャーな考え方ではないのである。本書では「論議」全般の概論に資する配慮はしているが公平な解説でないことは注意しておく。私の主張からすると、「論議」は数理理論自体の変造や完成化といった科学業界内の課題ではなく、世間が科学業界をみる目あるいは期待といったメタ次元の課題であるとなる。「支障ない」とか「使える」は研究をすすめる科学業界内の話で、「不一致」や「わからない」は科学業界と社会の境界での話なのだ。

科学者の人生観はみな同じ?

それなのに創造期には「境界」でなく専門家同士で「不一致」が露呈したのは、当時の専門家の間で「思想としての科学」という科学のメタまで含めた広い科学観も科学界の中で共有されるべきだと考えられていたからである。この「広い科学観」とは、「実験と合う」とか「論理的に整合する」とかの次元でなく、科学が人類社会にどう関わるかという大きな課題である。そんな倫理や価値観、人生観や自己実現、にも関わる「広い科学観」ならいくら同じ専門家の間でも「不一致」なのは当たり前だと現代の我々は考えている。

ところがそれが「当たり前」でない時代があったのである。ただしその時代は「世紀転換期」から「ワイマール期」にかけての欧州思想・文化の百家争鳴の中で大きく揺らいだ時で、先に見た「プランクのマッハ批判」(本書第1章)はこの時代の終焉時の一つの事例であった。そしてプランクの次の世代である量子力学の創始者たちはこの欧州思想・文化の百家争鳴の洗礼を様々に異なったかたちで受けている。生真面目な哲学青年アインシュタインと流行思潮に敏感なハイソサエティ出身のハイカラ青年のボーアの違いがメタ論議にも反映したのだ。「不一致」はこの「広い科学観」から量子力学をみた時の見解の差に「論議」の源があった気がする。

問われる科学の社会的メタ

「創始者」間の「論議」が起こってまもなく、ナチ台頭から第二次世界大戦へという激動期に入り、「論議」は中断した。大戦後、科学界は量的にも質的にも大変貌をとげ、「思想としての科学」はフェードアウトした。そして「科学」は社会的に強力な権威としての大業界を形成し、構成員は内部でのエクセレンス競争に明け暮れることになった。現在、人生・倫理観のような私的なメタや「思想としての科学」のような社会的メタも意識されず、語られもしないから、「不一致」でも、「黙って計算しろ」を遂行すれば、この「競争」には一向に支障がなかったのである。

かつて「思想としての科学」は「力学法則は人類の思考のツールか」、「科学者は人類と無関係に実在する真理を見出し伝える伝道者か」、「真理はあるがままのものを拾ってきたのか、芸術作品のように創造するものか」、「真理の基準は存在との一致か、それとも基準は人類の中にあるのか」……といった問いかけを、マルクス主義、実存主義、プラグマティズムなどに絡めて、口角泡を飛ばして論じ合っていたのである。それが研究のエネルギー源だという人もおったのである。「冷戦期」にはイデオロギー対立の枠に見立てる論議もあったが（本書第3章、第4章）、それは「不思議」を使う発想を生まなかった。

冷戦期に科学界は数十倍に規模を拡大し、科学界の拡大を推進した社会はこの大業界から発信されてくる技術も自然の見方も有り難く受動的に受け容れていた。しかし時が経つにつれて、一般的な官僚主義による「大組織病」もあり、科学界と社会のミスマッチが露呈した。冷戦崩壊直後の米国でのSSC中止もそうした不満の高まりが噴出したものだった（拙著『科学と幸福』岩波現代文庫）。また研究「業界」を支える経費が巨額に肥大化したことも、科学界を独立した「自由な楽園で」あり続けることを不可能にした現実的理由もあった。この経費の面からも再び、「思想としての科学」とは違うコンテクストで、科学の社会的メタが問い直されているのであると思う。

科学のメタは各分野の社会の中での位置関係に影響し、エクセレンスの基準にまで及んでくる。こうした状況が数十年続いたら業界内のエクセレンスが外の基準は社会からかけ離れたものになっていくだろう。技術や医療だけでなく、自然の見方・文化・人生・倫理、あらゆる文化的な局面でも地殻変動が起こっていくかも知れない。

「サイエンスウォー」のトラウマ

科学論は研究界では鬼門であり、研究界の人間はみな近寄るのを避けている。素粒子加速器SSCの建設中止（一九九三年）という米科学界にはしった激震の後遺症の一面でもある「サイエンスウォー」のトラウマもあってか、若い世代は「触らぬ神にたたりなし」に科学論に近づかなくなったようである。そんな中、私は『アインシュタインの反乱と量子コンピュータ』（京都大学学術出版会）、『職業としての科学』（岩波新書）、『量子力学は世界を記述できるか』（青土社）などの科学論系の本を上梓している。この〝もの書き〟だが研究界の諸事の経験もある人間に、ブルーバックスの読者にむけた科学論を書かせたらどうなるかと思ったのかも知れない。当時の編集長からこういう誘いを受けた時は「ブルーバックスと科学論の相性はどうかな？」と反応したのを覚えている。

講談社ブルーバックスの読者

私の見立てでは、講談社ブルーバックスの読者は、広く科学業界外部の科学愛好家と、「業界内」だが専門外の動向を手軽に知ろうとする読者の、二層からなると思っている。自分自身のような「後者」も結構いるとは思っているが、営業的にも、科学界へのリクルートの意味でも、編集者の狙いは「前者」である。だが、この「前者」の読者を意識した科学論とは何だろう。私はこの問いの前でまず戸惑ってしまった。

私にとっての科学論とは、科学に従事するものが、自己の営みを、人間社会に関係させて、自分の人生での自己研鑽と自己実現の励みにしたい、そういう仕事の動機や経験の省察に資する言説である。日々の仕事の不安感や徒労感を乗り切る人間力を支える言説の一部でもある。「一部」というのは、こういう精神力には根性のような私的なものと前記のような社会的繋がりを訴求するものの両面があると考えるからである。

「前者」の読者は「新鮮で、明るく、単刀直入で、清潔で、公明正大で、為になる、屈託がない」文化アイテムとして科学を求めており、その需要取り込みがメディアの一角を占めている。そしてそれが、ただ時間潰しの消耗品でなく、進歩する将来、好奇心でのリクルート、民主主義のための合理的思考など、社会的にも価値あるものである。私自身も講談社ブルーバックスには何回もこういう精神でこれまで拙著を上梓している。

このような期待をもつ知的好奇心旺盛な読者たちに、科学という営みを批判的に省察する科学論の考察はあまりマッチしないであろう。気持ちを盛り上げることには適さないためか、「クリティカル（critical）」という精神はマイナス思考で好まれない。そうではない、乱立する言説の多さにワクワクする知的好奇心旺盛な人もたまにはいるが、「科学論」の使い道がもっぱら〝レッテル貼り〟の小道具になっているように自分には思えるのである。

切迫した現実感

拙著『職業としての科学』ではマッハ、プランク、ポパー、クーンらの関連図（第十二章）などを提示して、科学論が科学という職業のエートスとどう関わるかなどを論じた。科学論はとかく真理論の枠で論じられるが、真理をめぐる社会論こそが大切であると思っている。最近は、知的営み全体を理系と文系とに分離して発想するが、ポパーは量子力学論議は倫理にもからむ問題だという。

「私は実在論に肯定的な議論をしている。この議論は、合理的なものであり、論理を超えた情念でもあり、また倫理でもある。実在論への攻撃は、それは知的には面白いし、大事なことでもあるが、受け入れられない。とりわけ二つの大戦と、避けえたにもかかわらず起こってしまったあの惨禍の後では、私は受け入れがたい。とりわけ、量子力学に基づいた現代原子論を足場にした実在論に反対する議論は、ヒロシマ・ナガサキで起こったこととの現実性において、黙らせるべきである」(K. Popper, Quantum Theory and the Schism in Physics, Routledge 1992)。量子力学の「科学論」は倫理問題でもあるのである。

私にとっての若い時代の「思想としての科学」や「科学論」というのは、知的興味というより、もっと切迫した生き方に関わるものであった。つまり、社会と繋がって生きたいという信念を個人的に鍛えるのに資する言説である。時代が違っていれば、宗教的信念などと同じ位置に並ぶものであったろう。決して枠外におってあれこれレッテル貼りをするのではなく、「お前はどうする！」という切迫感の中で悩み、工夫する知恵を授けてくれるものであった。

『佐藤文隆先生の量子論——干渉実験・量子もつれ・解釈問題』

こうしたあれこれの逡巡の後にとにもかくにも出来上がった作品がこの小見出しの本である。営業的には編集者の期待を外したかも知れないが、「後者」の読者を意識して、長引いている「量子力学論議」がどういう科学論、科学のメタ理論を提示しているのかを記した。

構成は「序章　傍観者か参加者か?」、「第1章　量子力学とアインシュタイン」、「第2章状態ベクトルと観測による収縮」、「第3章　量子力学実験　干渉とエンタングル」、「第4章　物理的実在と「解釈問題」」、「第5章　ジョン・ホイラーと量子力学」、「終章　量子力学に学ぶ」である。第2章と第3章は理工的な解説だが、他は相当に独特のものである。

この本全体がジョン・ホイラーという湯川秀樹と同世代の米国の物理学者の、量子力学は「傍観者ではなく参加者」を自然に持ち込むことであるというマンガ絵を読みとくかたちで展開する。また、「第2章」と「第3章」では本書では書ききれない理工的説明に当てており、本書と相補的なものでもあるので、ぜひ、ご覧いただきたい。

気付かれた方も多いと思うが、この近著執筆での「逡巡」のあれこれは、前述の量子力学創造期に露呈した「不一致でも支障がない」という科学内と科学を外から見ている社会との境界で起こる問題との差として共通点がある。

不思議と専門性

現代の社会を成り立たせている分業体制のもとでは、様々な専門性を担う人々がお互いの役目を相互に認め、専門家として信頼しあっている。自分の職業、専門以外は理解できなくてもいちいち目くじらを立てて「それは素人にも分かるか？」などと質問したりはしない。大多数の場合は自分の専門外のことにたずさわる人々に対して「ご苦労さま」という素直な気持ちで暮らしている。実際、何も相対性理論や宇宙創成のような話題を持ち出さなくても「素人に分からないこと」は世の中に掃いて捨てるほどあるのである。分かっている人が何人もいないような話はいくらでもある。

しかし、どういうわけか「なぜ電話は聞こえるのか？」といった類の無数の疑問にはわれわれは無頓着でいることができる。電話のしくみに関する謎には、「自分には分からなくても作った人には分かっている。ご苦労さま」という信頼にもとづく感謝の念ですましているわけである。

「こう考えてくると相対性理論や宇宙の創成の話がなぜ「ご苦労さま」ですまされないか不思議になる。そして、その理由が、専門性と信頼性のなさ、それに感謝を受けてないためなのだろうか？　という変な結論になってしまう。どこかでボタンを掛け違えたようである」（京大広報紙、一九九二年四月「洛書」）。

これはずいぶん昔、ホーキングと一緒にテレビに出た後に、かかってきた電話の嵐の対応にくたびれた感想を記したものだ。当時はいまと違って大学の電話番号はみな公開で、部屋の電話番号がわからなくても電話交換手さんが繋いでくれた。ガッチャンと切ると繰り返しくるから、扱いは大変である。ある時「あなたこの電話どうして聞こえるかわかりますか？」と問いかけたら、一瞬間があり、あちらから電話を切られた。以後これは有効だった。

自家薬籠中のものへ

「hの存在」、「離散状態」、「不連続な飛躍」、「複数への確率的変化」、「粒子と波の二重性」、「状態の重なり」、「エンタングルメント（量子もつれ）」……これらはすべてが古典論を覆す量子新世界の「不思議」であるが、こういう珍獣を自然界から採集や実験で発見するのが科学の手始めである。ガラパゴス諸島に珍獣がいたように、新発明の電気実験機器をもって原子という新世界にわけ入れば不思議がいっぱい待っている。珍獣や「不思議」は新世界たる条件でもある。そして珍獣を家畜に飼い慣らしてきたように、人間はいつも「不思議」を自家薬籠中のものにしてきた。他の生き物に比べて人間の特異な点である。「不思議」で思考停止したり、受容を拒否していたら、こういう人類はいなかったであろう。

ミクロの「不思議」現象も量子の仮説で理論化でき、自家薬籠中のものに収めることに成功したのである。至極もっともなこの進展をアインシュタインがなぜ素直に受け入れなかったのか？

復習すると、量子力学にはhと波動関数の新要素が二つあり、もめるのは波動関数の解釈である。先述の自著の「第5章」はその「解釈問題」に触れている。アインシュタインの不満はよく「神はサイコロを振らない」と「テレパシーのようなバカげた遠隔相関だ」で表される。「エンタングル（量子もつれ）」とはこの「テレパシー」のことだ。前者は確率への不満だが、現理論を完成途上とみなせば許せる。許せないのはEPR論文で指摘した後者の「テレパシー」である。そしてかつての「裏街道」の「論議」を経て、二一世紀に入ってまさにこの「テレパシー」の制御技術が株式市場の話題に浮上したのである。まさに「パラドックスは、こうあるべきだとするあなたの実在に対する思い込みと実在の間の衝突に過ぎない」のである。

越えてはならない矩

だが専門家の追随も許さない思考の飛躍の大達人であるアインシュタインである。「思い込み」で越えられなかったのではなく、越えてはならないと押しとどめる信念が関わっていたのだと思う。それはまさに科学でいう実在のメタに関することであり、様々な学問的営為の中で物理学が越えてはならない矩のようなものであった。それは〝自然に発する実在〟という「素朴実在論」である。拙著『アインシュタインの反乱と量子コンピュータ』第6章で精述しているが、マッハに対するアインシュタインの態度の変化を、ハイゼンベルクは自伝に記している。学問論として「素朴実在論」を外すことを警戒していたように思える。

何にせよ焦点は社会の中の「学問論」なのである。グローバル化と高等教育拡大、成熟国家と新登場国家、グローバルネット化、AIなど情報処理ツールの普及、「探求か対処か」、「文系理系二つの文化」、「体系のセット売りかバラ売りか」……、学問も社会も大きく変わっている。いまこそ新たな学問論が求められていると思うが、そこではこの「量子力学論議」の壮大な物語は押さえておくべき重要なアイテムであると指摘したい。

動機としての「素朴実在論」

「ボーアはそこから飛躍したのに対してアインシュタインがそこに踏みとどまった」という素朴実在論をみておこう。人間がいなくても、ナマの自然が厳然として存在する外的世界を疑う人はいないであろう。その一方、人間の五感や脳などの身体的社会的機能及びそこで蓄積・継承された文化的、言語的に支えられた認識世界が外的世界と同じかというと見方はバラけてくる。認識世界は外的世界を真正な鏡のように映し出しているという見方から、認識世界の人間依存性をじょじょに強める様々なバラエティがある。外的世界に五感的でないミクロの世界を認識の新たな対象に加えた段階で、この二つの世界の区別が必須になったというのがボーアの飛躍であり、「相補性」や「二重構造」と言った概念はこのことに関わっている。

素朴実在論という言葉は、この二つの「世界」の距離感という静的な見方というよりは、科学は「自然が発するメッセージを忠実に言語化(物理学では数式化)することだ」という探求のスピリットのことである。探求への情熱や心を強める実践的なイデオロギーといっても良い。科学の探求も、ある段階からは、批判的分析や合理的推論だけでは進まず、強い思い込みで突破する局面がある。そんな時は、哲学的省察では誤りと言われようと、一途に〝それそのもの〟を捕まえるのだという強い思い込みが必要である。一点突破の動機からする実在論である。自然科学では、たとい動機はおかしかったとしても、続く反復可能な実験で訂正可能なので問題はないのである。量子力学創造劇でのシュレーディンガーの波動関数はこの例である。彼は水素原子の中に存在する波動をまざまざとイメージしてボーアのエネルギー準位を計算することに成功したのである。たとい発見者のイメージは誤っていても、その突破の成果が巨大な果実をもたらしたのである。

「素朴実在論」の踏み絵

物理学のミクロ世界の探求はこの素朴実在論で敢行され、多くの成功を納めてきた。この実績を踏まえると、「異端」を取り締まる次のような「踏み絵」がならぶことになる。

1　観測者と観測者が持つ知識とは無関係に実在がある
2　測定（観測）の概念は理論において基本の役割をはたさない
3　理論は、集団だけでなく、個々のシステムを記述できる
4　周辺外部から孤立した存在を想定できる

5　孤立したシステムに作用しても、離れたものに影響はない

6　客観的確率が存在する

「量子力学の実験では、項目1と項目2は「シュレーディンガーの猫」や「状況依存性」によって、項目4、項目5はエンタングルによって、一見したところ、破綻している。しかし、二〇一四年のノーベル賞で顕彰された進展は、項目3をクリアしている印象を与える。また、情報通信での確率事象を制御する技術の普及は、推定手法としての主観的確率を未熟な手法とみなす感覚を変えつつあり、項目6も自明ではない。テクノロジーの進展は項目3と項目6のイメージを変え、量子力学をも「対処論」の一つと見なすことを促している」（拙著『佐藤文隆先生の量子論』）。

以上、量子力学が炙り出した「素朴実在論」の限界であるが、何にせよ、アインシュタイン、ボーア、シュレーディンガーのような巨匠たちに思考の深さでは及ばない我々凡人でも、手にした技術のおかげで彼らよりもはるかに高い学問的境地におかれているのである。

第６章

「隠れた変数」からベル不等式へ

——日本での反応を見る

現実と表現

二〇一七年の衆議院選挙は全体の三割の得票で全議席の七割もの議席を獲得して自民党が大勝した。この総選挙が教えるように、国民の政治的意識の「現実」と政党別の議員数という制度的「表現」の関係は自明ではない。票数の分布を議員数に置き換える選挙制度は数学的に決めてあり、決定論である。自明でないのは個人の政治的意識を政党や候補者に落とし込む過程にある。ここには棄権という選択も入る。これは事前に用意された枠組みに現実を無理矢理押し込める過程であり、一義的でなく確率論である。

近代の制度社会では、与えられた書式の書類を埋める行為を年中経験する。これも与えられた枠への現実の落とし込みであり、かつては自明とされていた性別も最近は自明でないとも言われている。しかし、現実が一旦そこで書類上の記号に化ければ、それらは現実とはまた別の「記述世界」を構成する。情報化社会で圧倒的な「記述世界」に晒されると、現実とその表現の境が困難になる。もっとも、より柔軟な枠組みではあるが、言語で現実を表現するのも同種の過程である。いずれの場合も「記述世界」は現実世界と違うものであり、「記述世界」の背後には捨象された多くの「隠れた変数」が存在すると考えられている。

「裏」と「表」

本題に戻ろう。くりかえすが、「量子力学論議」を三つの時期に分けて論じている。第一期は「ボ・ア論争」を典型とする量子力学の創業者間の論争で、「世紀転換期」や「戦間期」の欧州思潮の百家争鳴の余波でもあった。この「論議」は第二次世界大戦の戦中戦後では「表舞台」である研究界の後景に退き、「黙って計算しろ」の量子力学はミクロ世界を探検し大きな力を発揮した。そして二一世紀に入った近年、ながく「裏街道」で蠢いていた「論議」の流れから「株価にも影響する」「お茶の間の話題」にも登場するテーマが出現し始めた。いまや研究界でも、社会的にも、「量子情報」処理をめざすハードとソフト両面の進展がハイテクの最も先端のテーマとなった。例えば、検索で、文科省量子科学技術委員会の報告書「量子科学技術（光・量子技術）の新たな推進方策――我が国競争力の根源となりうる「量子」のポテンシャルを解き放つために」（二〇一七年八月一六日）などに状況を見ることができる。

「これは、研究者によるこれまでの独創的・先駆的な学術研究の成果の積み重ねにより、産業界において一定程度事業化されている量子の「粒と波の二重性」を活用した技術に加え、量子の「重ね合わせ」状態や「もつれ」状態といった特徴的なふるまいの理解・検証が進んできたことで、それら量子のふるまいが活用できる可能性が多様な分野に広がるとともに、現実的な利用の段階が技術の進展によって見えてきたことによると考えられる」（前掲「報告書」）。ここには、「粒と波の二重性」はトランジスターやレーザーで既に活用されているが、新たに「重ね合わせ」や「もつれ」の活用が始まるというのである。

本書は「量子力学論議」の身上を学問論から考察することが目的であり、量子情報処理、量子計測、フォトニクス・レーザーの未来図を語ることではない。その意味では「表」に飛び出した近年の華やかな動向にここで触れることはないが、「裏」の一部が「表」に転移した事実は「論議」の核心にもはね返る重要な進展である。またこの「表」が「論議」の相当な部分なのか、一部に過ぎないのかという課題も浮かび上がる。

「第二期」と「第三期」

戦後七〇年、理工系の研究界はその規模を一〇〇倍近くまで拡大させた。特に、二〇世紀後半では爆発的な拡大であった。この拡大した研究界の大半は量子世界の探検に従事して、次々と珍事や珍物が発見した。こうした中、「支障なく」働いている量子力学の基礎が曖昧だといった意識が育つはずはない。したがって、時間とともに、「拡大した研究界」全体の中で「論議」に対する問題意識は薄められて、「裏」に置かれたのである。しかし、どの時代でも、量子力学を初めて学んだ多くの者の意識の裏に「忘れ難い」モヤモヤを残した。

戦後の半世紀を「第二期」と「第三期」に分けたのには深い理由がある。「第二期」（本書第3章、第4章）は「冷戦イデオロギー」の時期で「ベトナム・大学紛争」頃までで、両方にまたがる一九七〇年代を経て、一九八〇年代から世紀末までが「第三期」となる。

量子情報で「表」に転じた優勝劣敗の歴史から振り返れば、EPR（一九三五年）―ベルの不等式（一九六四年）―「量子力学実験（エンタングル・遅れた選択・量子消しゴム・テレポーテーションなど）」の流れであり、「量子力学実験」は一九八〇〜一九九五年頃に活発化した。EPRを「ベルの不等式」に繋いだのは「隠れた変数」論議である。「実験」を可能にしたのは量子光学や低温物理の進展だが、それを支えたのは、USBメモリーの一万倍もの価格破壊で体感した、半導体加工技術の技であった。

『岩波理化学辞典』の「隠れた変数」

ここで目を日本の「量子力学論議」に転じてみよう。第3章ではボームがらみの欧州の動向、一九五九年に坂田昌一が「たいした意味がない」と忠告したことをみた。ここでは、その後、大学紛争期をはさんで欧米で関心が高まった「ベル不等式（一九六四年）」が日本でどう受け取られたかをみていこう。「量子力学論議」のテーマは『岩波理化学辞典』では「隠れた変数」の項目で次のように記されている。

隠れた変数［hidden parameter］

一般的にいえば、それ自体として普通の観測にはかからないが、現実の観測結果を古い観念に従って説明することを可能にする仲介となるような変数をいう。物理学の歴史にみられるところでは、それを想定することは理論の物理的予言には何もつけ加えないで、かえって理論の一貫した概念構成の邪魔になるだけであるため、一般的にいって排除されるべきものと考えられている。量子力学のオーソドックスな解釈では、ミクロの系の純粋状態なるものは一つの状態ベクトルあるいは波動関数によってその個別的な状態を完全に指定され、しかしこの一つの波動関数で表わされる同じ状態について同じ観測をくり返すとバラついた結果を得る。つまり波動関数は物理量の測定に際しては系の実際のふるまいと一対一でなく確率的に対応するわけであるが、この場合の確率的アンサンブルは観測の結果に関していわれるものであり、そこで確率はいわば〝既約〟なものとして出てきている。さらにコペンハーゲン解釈にあっては、観測から独立した系の実在的な状態という概念が放棄されるにいたる。量子力学に対する隠れた変数の立場はこのような諸点をすべて不満とし、量子力学の法則自体を現象論的なものとみなし、その奥に明確な古典的性格のモデルを想定し、これに対しては波動関数はもはやそれの力学的状態を完全に指定するのに十分ではなくて、個々のケースを与える余分のパラメターを補ったより詳細な記述が存在するとみる。これは一種の〝超量子力学〟の試みを意味するが、量子力学自身の現実の成功ぶりからして、そのような理論は、量子力学の〝すべての〟予測を正確に再現し（すなわち量子力学の〝再解釈〟の意味をもち）、かつ隠れた変数がいわば理論の中に閉じこめられていて現在考えられるような実験的条件のもとでは決して観測に現われず隠れたままになっているようなものでなければならない。

ここまでが前半の説明であり、コペンハーゲン解釈に登場する確率の背後に自然な仮説として「隠れた変数」があることを説明している。続く後半の引用は省くが、フォン・ノイマン、EPR、ベル、ボームの名を挙げて「論議」の経過を説明し、量子力学の「奇妙な姿」として「全体における部分の不可分性、確率の干渉、観測による状態の収縮」を挙げている。

「量子力学論議」用語多数登場

この「隠れた変数」の説明は、私も六人の編集者の一人に名を連ねている第五版のものだが、この項目は第四版（一九八七年）から登場した。一九三五年から続くこの辞典は、第四版の改訂で項目の大幅な見直しを行った。〈量子力学一般・観測論〉では、アハロノフ・ボーム（ＡＢ）効果、ＥＰＲパラドックス、エーレンフェストの定理、隠れた変数、観測の理論、極大観測量、コペンハーゲン解釈、シュレーディンガーの猫、ベルの不等式、量子論理の一〇項目、さらに第五版では量子暗号、量子コンピューティング、量子ゼノン効果、量子テレポーテーションなども追加されている。なお、ＡＢ効果は「論議」用語ではなく、また「極大観測量」とはノイマンの「不在証明」に関係したもの。

編集委員として項目見直しに参画したが、第四版の新項目選定は一九八三年末までに終わっており、その頃の研究界の認識を反映したものである。この辞典は、項目の選定・執筆を多くの研究者の関与で、いわば学界総掛かりで行っていた。奇を衒わず、当該分野の標準を設定するように心がけていた。第三版までにも「量子力学」項目は当然あるが、「第一期」から存在した「観測の理論」や「コペンハーゲン解釈」といった用語は項目としてはなく、さらに「量子力学」項目の説明にも登場しない。「論議」を抱えていることを匂わす用語は「第二期」までは一切登場させていないのだ。この雰囲気が変わって「論議」関係の用語が一気に登場したのが「第三期」の始まりなのである。

半世紀で「辞典」の性格も変化

一九八四年、培風館から『物理学辞典』が出版された。こちらは全く新しく項目を選定したもので、物理学と化学を含む『岩波』に比べれば物理学については約二倍の分量がある。前記の『岩波』第四版にむけた項目の大幅見直しは、多分、この培風館の『物理学辞典』出版に刺激されたのであろう。『岩波』の第三版までは半世紀前の初版の原型を引きずっていた。狭い専門分野での新語や項目名の変更などは几帳面になされていたが、専門家のいない一般的項目の見直しは放置されて多く残っていた。地球・宇宙関係用語の「見直し」を担当したが、『広辞苑』におくべきような項目が多く含まれていることに気がついた。これらの項目を削除することになったのは、『岩波』初版の時代に存在した科学の周囲のディレッタント的愛好家がこの辞典の対象から消え、専門家集団の科学に化した表れでもあろう。

『物理学辞典』（培風館）の「隠れた変数」

培風館の『物理学辞典』にも「隠れた変数」の項目が存在するので次に引用しておく。

隠れた変数

量子力学は波動関数の確率解釈を基本法則として要請している。しかしこの法則は、古典物理学に統計法則のように、私たちが物質世界の奥に潜む重要な力学変数、すなわち隠れた変数、とその行動法則を知らないために導入せざるをえなかった半現象論的な法則ではないか、という期待があった。しかし、そのような隠れた変数は存在しないというフォン・ノイマンの定理によって、その方向の研究は抑えられていた。しかし、この定理は物理的に見て厳しすぎる数学的条件の下で証明されたのだから、必ずしも絶対的とはいえない。実際、Bohm は隠れた変数の立場から量子力学を古典力学に還元しうることを示した。古典力学との唯一の相違は量子力学的力の出現だが、それは隠れた変数の作用を示す統計的性格の揺動力である。こうして、Bohm は決定論に戻る形で量子力学の再構築と再解釈を試みた。しかし、量子力学の能力を維持しようとすれば、量子力学的力は一般に非局所的でなければならず、古典的な力と見れば常識はずれなほどグロテスクになると同時に、理論体系全体を複雑怪奇にしかねないものだった。一方、J. S. Bell は局所的な隠れた変数の存在を実験的に検証しうるベルの不等式を提出した。検証のための実験はアインシュタイン・ポドルスキー・ローゼンのパラドックスに現れる型のものであり、繰り返し行われてきたが、いままでのすべての実験は隠れた変数の存在に否定的である。隠れた変数についての研究は、量子力学の確率過程量子化を発展させる契機となった。古くから数多くの研究があるが、E. Nelson の研究（ネルソンの確率過程解釈）以後急速に盛んになり、場の量子論まで及んでいる。

「裏」から「表」へ

二つの大きな辞典の内容が示すように、一九七〇年代末から一九八〇年代の初めにかけて、「論議」は「裏」から「表」に扱いが変わり、日本でも「第二期」から「第三期」への転換が始動したのであった。

「隠れた変数」の「変数」は前掲の二つの辞典では parameter をあてているが、英語の文献では variable を用いている場合が多い。parameter も variable も数学用語であり、量子力学では観測される物理量を observable と呼ぶのが普通である。ベルは observ-able でないものも含む広い意味での存在を be-able という用語を使おうと提唱していた。

ボームとベル

「隠れた変数」という用語は量子力学誕生時にすぐ登場した。確率記述が「隠れた変数」を記述から外した統計性に由来するという願望である。本人は否定するがアインシュタインの発案ともされる。ところがこの願望は「第一期」のフォン・ノイマンの一九三二年の『量子力学の数学的基礎』で、ヒルベルト空間の幾何的定理として然るべき条件のもとでは早々に否定されていた。にもかかわらず本書第3章で見たように、米国での反共旋風の殉教者としてのボームは、ノイマンの檻を抜け出して、唯物論的実在を復活する試みを提示した。これに対して、ウィグナーはノイマンを担いで、重なった状態の「収縮」は人間の認識作用かもしれないという観念論を振りまいた。この対立は、第4章でふれたように、「冷戦イデオロギー対立の枠」にぴったり嵌っていた。

しかしベルの不等式の議論や実験の進展で、確定している「隠れた変数」の存在を量子力学は拒否していることが「第三期」で明らかになるのである。「第三期」の主役は実験家たちだが、オドロオドロした「隠れた変数」問題を簡明な実験の課題に移していったのがジョン・ベル（一九二八―九〇）であった。これには亡命前のボームが教科書に記したスピン版のEPRも重要なステップとなった。

「論議」論者には、どちらかというと深い哲学的議論に没頭しやすい名門物理研究室出身者が多い中で、ベルの経歴は異色である。貧しい家庭出身で高専出の実験補佐員だったが、熱心さが認められて大学卒の資格を得て英原子力公社に雇われ、さらにCERNに加速器と素粒子理論の専門家として移り、その中でホビーとして「論議」への思索を深めたという変わった経歴である。自分を「量子力学のエンジニア」と称していたベルの人間像にもいま関心があつまっている（A. Whitaker, *John Stewart Bell and Twentieth-Century* Physics, Oxford UP）。

ボーム対湯川

先の二つの辞典の「隠れた変数」の説明で、ベルは両方に登場するが、ボームは片方では主役ながら、他方では登場しない。しかし実はベルの業績もボームの果敢な挑戦に刺激された結果なのである。ベルはただ、ノイマンの檻をよりシリアスに受け止めて、その判定を実験に托す問題提起をしたのである。そして「実験」がノイマンの檻を検証し、「不思議をつかう」量子情報のテクノロジーが始動し出したのである。

ボームの理論が出たのは湯川秀樹（一九〇七―八一）の基礎物理学研究所ができた頃（一九五三年）だった。当時、この国際的な話題を日本の物理学者がどう受け止めたかを知ることができる並木美喜雄の貴重な証言がある。ボーム理論とは波動関数の位相と絶対値に分け、シュレーディンガー方程式から、揺動力が加わったニュートン方程式を導く内容である。「量子的ゆらぎは、物質界の奥底にある私たちの知らない隠れた物質の作用によって生じるブラウン運動的な現象だというのである。量子力学を消し、古典力学に戻ろうというわけだ。この話は当時の人を驚かせ、量子力学の基礎についての討論を呼び起こした。ボームの理論に対する湯川先生の批判は雑談の中で聞いたが、「後戻りする方向には真理はない」というものだった。この批判はなぜか私の頭に刻みこまれていて消えない」（並木美喜雄『湯川秀樹著作集9巻』岩波書店、月報）。

湯川の中間子論とＥＰＲは同じ年の論文である。かたや、湯川は場の量子論まで進化した量子力学をツールとして核力の中間子論を予言し、かたや、ＥＰＲは量子力学に潜む〝ありえない〟不思議をえぐり出したものである。新人・湯川とベテラン・アインシュタインの対比である。湯川も敗戦直後にＥＰＲやシュレーディンガーの猫などを含む「量子力学論議」の詳細な解説（『自然（中央公論）』一九四七年一一月号、一九四八年二、七月号：『湯川秀樹著作集３巻』（岩波書店）に簡略版再掲）を書いており、邦文では最初の解説であると思う。

京大定年（一九七〇年三月）直後から、湯川は『岩波講座 現代物理学の基礎』の編集に傾注し、『古典物理学』、『量子力学』、『素粒子論』には自ら執筆もした。なかでも圧巻は一三〇〇ページ以上に及ぶ『量子力学』（全二巻、初版一九七二年）で、第Ⅵ部「量子力学の構造」と第Ⅶ部「量子力学と情報の物理学」は従来の教科書にはない新趣向である。第Ⅵ部はノイマンの「数学的基礎」後の展開で数学的に高等なものであり、第Ⅶ部はまさに「論議」を取り上げている。第Ⅷ部「量子力学的世界像」は意欲的だがポイントが定まっていない。ＥＰＲはボームのスピン版でなくオリジナルの運動量版で説明されているが、ベルの不等式への言及はまだない。

注意を引くのは「情報の物理学」という新概念の提起であり、当時としては将来を見抜いていて極めてユニークである。湯川は研究所の所長業として、物理学の手法を生物、宇宙地球、情報といった横に広げることをエンカレッジしたが、情報では梅棹忠夫、渡辺慧、坂井利之らと意欲的に交わり、視野を広めていた成果であろう。晩年には天才論や思考論、認知や脳にも興味をもっていた。

「何の情報?」、「誰の情報?」

情報と聞くと、「何の情報?」と問う人と「誰の情報?」と問う人に別れる。前者は隠れた実在に目が向いており、後者は獲得された情報の活用に目が向いている。学問は何のためにあるかに関わる自明でないポイントである。「情報の物理学」への展望とは、そのどちらでもなく、情報の量を数量的に扱うことで、情報を処理して活用する労力に関する科学である。近年活発な量子情報もこの意味の「情報の物理学」である。

本章冒頭の「現実と表現」で見たように、「表現」の背後に多くの隠れた変数があるとするのは当たり前で、学問でも芸術でも、どの変数を捨てるかに名人芸があるとされている。ところが、古典物理学では「現実と表現」の完全一致が原理上は可能という前提に立っている。ある意味、この態度こそが異常なのだが、ミクロ世界の探索では坂田のメッセージ(本書第3章)のように、この信念を堅持することで次々と新量子変数を探し当ててきたことも歴史的事実である。だから、容易に「隠れた変数」なしの確率は受け入れられない。また「何の情報?」の

「何」にあたるものが、「素朴実存論」が推奨する、ある場所にチョコンと座っている外的世界のローカルな存在のイメージを捨てるのは難しい。

湯川の『量子力学』序

『岩波講座　現代物理の基礎』（第一版、全一二巻）の第三巻『量子力学Ⅰ』に記した「序」は、多分、湯川による最終のメッセージである。

「一九七二年という時点における現代物理学なるものは、きわめて複雑な構造を持つように見える。その生長しつつあるいくつもの尖端に次つぎと焦点を当てていったとしても、全貌を捕らえることにはならない。それどころか、局部の観察に努力を集中すると、その部分が全体に対してもつ意味が見失われるという相反的な状況に、容易に追い込まれてしまうのである」と不満を述べ、半世紀ほど前の量子力学誕生時の衝撃に触れている。前期量子論が突然変異なら、量子力学は〝昆虫の変態にも比すべき大きな変化〟であり、この段階に立つことによって、いろいろな方向への展望が開けたという。さらに湯川は量子力学以後は「どの一つの単純な考え方も、それだけを貫徹さすことができないことを、量子力学は私たちに教えたというべきであろう。量子力学が自己完結的でなく、いろいろな方向に、違った意味で開かれていること」を強調し、将来どんな基礎的な理論が生まれるにせよ、「量子力学の出現によって余儀なくされた物理学者の考え方の大きな転換は、もはや逆戻しがきかないであろうことも指摘したいのである」としている。

この湯川のすっきりしない「序」から読み取れるのは、統一よりは多様に開かれた学問への展望である。ボームの「隠れた変数」理論を唯物論的には「物質界の奥底にある私たちの知らない隠れた物質」の作用として見ることを「反動」と評したのと整合する。

第 7 章

EPR 実験と隠れた変数説の破綻

——確率的応答

測定の幅で同着

年末年始の新幹線や人気ライブのネットでのチケット予約では、発売開始時に多くのアクセスが集中するのだろう。実際にどう捌いているかは知らないが、公正さからも到着順で処理されていると思うが、いくつも同着すればどうする？　といった疑問がわく。完売の切れ目に同着がいくつもあれば、どう扱われるかでリアルな社会での差が生ずるから深刻だ。

もっとも人間の感覚では同着でも、コンピュータ処理の時間分解能ではチャンと順番がついているのかもしれない。最近の株式市場の売買の時間分解能はミリ秒の程度らしいが、現在のコンピュータでは一〇〇万分の一以下になることはない。チケット予約の時間分解能も多分ミリ秒のオーダーなのだと思うが、それでも一秒に一〇〇〇人殺到したら自動的な処理は進まなくなる。

因果律も見方次第

それを避けるには、乱数でも付してともかく同着に差をつける操作をしないとストップする。この分解能なら、こうやっても誰も不公正とはいわないだろう。だが厳密にいうと先着順という自然的秩序による因果律を破ったことになる。ミリ秒間隔で丸めたから同着なので、一〇〇万分の一秒間隔では前後がハッキリしていて因果律で動かせるのに、人間が恣意的に介入してそれを無視したことになる。

量子力学への示唆――測定装置依存性

こういう考察は量子力学の論議に絡む論点がいくつもある。一つには、例え物事の時間的順序や空間的前後左右の配列が厳然としていても、我々の認識という現実ではある分解能の制約があることに気づく。因果的かどうかという判断も記述の分解能に依存する。一〇〇万分の一秒の記述ではAが起こったからBが起こったと判別できるが、一〇〇〇分の一秒の記述ではAとBは同時的な独立事象となり、因果関係は判別できない。

前章で主題にした一九二七年の量子力学成立直後から起こった「隠れた変数」というテーマも、「粗っぽく見ているので見落としているに過ぎず、技術の進歩で分解能がよくなれば、将来、因果関係は見えてくるのでは……」という想いに由来する。

「量子」という原理的限界——不確定性関係

二つには、量子力学の「量子」という言葉が意味することは、作用という次元の量には最小単位hがあって、それ以上に分解能を上げるのは原理的に不可能だということである。前述の時間の分解能は技術的限界ともいえるが、「量子」の存在もいろいろな測定に原理的限界を与える。

もっとも「量子」という次元は時間や空間の次元と違うので前述の時間の分解能には直接当てはまらない。ところが、いろいろな次元は互いに関係しているから、「量子」は時間や空間の分解能にも波及し、これがハイゼンベルクの不確定性関係に姿を表す。

ここで大事なのは測定の全体像である。例えば、時間の順序をはっきりさせたいのはどの物理量の測定についてなのか？　といった、測定の全体像を見なければならない。ここでも測定器依存が、技術の制約だけでなく、原理的な「量子」の制約からも生ずるのである。

認識のための測定という行為はある分解能での枠を設定して、どの枠に入ったかをイエス、ノーで判定することである。対象と測定装置を接触させて装置に起こる応答を記録する。対象を写し取るというよりは、あらかじめ用意した枠組を作用させてどの枠組にイエスの応答するかをチェックすることである。意図をもって観測の枠を作り、対象に〝イエス、ノー〟を迫る行為なのである。

測定とは頻度分布を知ること

測定値とは測定装置の作動として表現される値であって、対象そのものの量ではない。「装置」は測定される系から独立した系であり、測定者が設定した観測変数の用意された区分のいずれかに応答する事象（イベント）の回数をカウントすることである。巻尺で「値を測る」イメージとはほど遠い。測定器で起こる設定した事象の頻度分布を知ることが、量子的対象の測定・観測なのである。もちろん測定は対象を知るためのものだから、測定者側が用意するといっても勝手なものでなく、上手に設定しなければ失敗する下手な測定である。

EPR論議――ミクロ物理量とマクロ物理量の相関

ここで本題の一九三五年のアインシュタイン・ポドルスキー・ローゼン（EPR）論文に話を進める。注目したのは二個の粒子の物理量の間の相関である。ここではEPRオリジナルでなくボームのスピン版で話を進める。

ある場所での一つの現象によって発生した二つの粒子が左右に走り出す状況を考える。発生前と発生後での保存則から、［全運動量］＝0、［全スピン］＝0とする。走り出す運動量は（p と −p）、スピンの角運動量は（h/2, −h/2）である。運動量とスピンの相関を考えると、組み合わせには（p, h/2）、（p, −h/2）、（−p, h/2）、（−p, −h/2）の四通りある（角運動量の次元は作用であり、最小単位はhであるが、最小なのは差についてであるから、値はh/2と−h/2なのである）。

発生から時間が経つにつれ、pと−pという状態の差は拡大され、空間的に十分離れるので「右側の粒子（p）」と「左側の粒子（−p）」というように、古典的に区別可能な名付けが事後的に可能になる。こうして四通りの状態は$|h/2\rangle_{\text{右}}$，$|-h/2\rangle_{\text{右}}$，$|h/2\rangle_{\text{左}}$，$|-h/2\rangle_{\text{左}}$のように表される。

ここで古典的に区別可能な「左」と「右」にある二体系の状態ベクトルを考えてみる。この二粒子は発生する時に強い相関（合計スピンがゼロ）をもつので、角運動量の保存則から、$|h/2\rangle_{\text{右}}|-h/2\rangle_{\text{左}}$と$|-h/2\rangle_{\text{右}}|h/2\rangle_{\text{左}}$の二つの状態が可能である。全スピンの期待値もゼロだから、二体系の状態ベクトルは$|\Psi\rangle_{\text{左右}} = (|h/2\rangle_{\text{右}}|-h/2\rangle_{\text{左}} - |-h/2\rangle_{\text{右}}|h/2\rangle_{\text{左}})/\sqrt{2}$のように均等に重なった状態ベクトルとなる。

エンタングル——量子もつれ

この$|\Psi\rangle_{\text{左右}}$左右状態にある二粒子系を観測すると次のようになる。例えば右粒子のスピンを

測ると、h/2と−h/2である確率は半々である。同様に左粒子でスピンを測ると、h/2と−h/2である確率はやはり半々である。左右とスピンの向きには一義的な相関はない。ところが、右粒子がh/2なら左粒子は−h/2、右粒子が−h/2なら左粒子はh/2という強力な相関が存在している。h/2の粒子が左右いずれに飛ぶかは半々の確率だが、もう一つの−h/2の粒子は必ず反対側に飛んだことによる相関である。この左右のスピンの強い相関は「量子もつれ」とか「エンタングルメント」などと呼ばれている。

エンタングル（entangle）は「もつれ合っている」、「絡み合っている」という様な意味の単語で、「容易にほどけない」といったネガティブな意味合いの単語である。EPR論文に刺激されて書いたシュレーディンガーの「猫論文」の中で初めて登場したもので、ドイツ語ではVerschrankungという単語であり、これは交叉させる、〝腕組み〟とかの意味で、〝秩序だった〟絡みのニュアンスがある。英語は「もつれ」だが、独語は〝交叉模様〟の〝秩序〟の意だ。

遠隔瞬時相関への相対論による批判

EPR論文はここで「これは、おかしい!!」と考えて、量子力学は不完全だと主張したのである。測定までは重なった状態にあるが、左右どちらかでスピン測れば、遠く離れた反対側の粒子のスピンも同時に確定する。これでは、遠く離れた事象の間に瞬間的な作用が働くようにもみえる。しかし物理的作用は光速以下でしか伝搬しないという相対論を前提にすると、これはあり得ない。だから、量子力学によるこの現象の記述は正しくないとした。アインシュタインは「テレパシーのようだ」とか「テレポーテーションも可能になる！」といってこの瞬時遠隔作用を批判したものである。もちろん、この同期作用が物理的作用でないとすればいいのであり、状態ベクトルが物理的実体なのか、単なる帳面上の情報記録なのかで立場が分かれる。

予め決まって別れた——隠れた変数説

この「瞬時遠隔作用」を避けようとすると、発生時の互いに作用をしていた時期にあらかじめ「左は h/2」のように決まっていて、遠方に行ってから測定したのは既に決まっていた一つの状態を確かめたに過ぎない、という見方になる。すると、既に決まっているのに、飛んでいる間は未定の「重なっている」と記述する量子力学は不完全だという批判が起こることになる。「隠れた変数」説はここに助っ人で登場するのだ。一箇所で二粒子が発生する状況は同一ではなく隠れた変数で実は区別されていると考える。隠れた変数ξの一群のξの値では h/2 が右に行き、他の一群のξの値では h/2 が左に行く。h/2 が左右どちらに行くかは、ξで決定論的に決まっているのだが、それで区別する記述をしてないので、確率的に右に出たり左に出たりすると見えるにすぎないと。このように考えれば確率記述は部分的な記述で登場したにすぎないということになる。

統計的取り扱いとは

アインシュタインは「神はサイコロを弄ばない」というセリフで量子力学の確率記述に不満を表明していたが、量子力学でなくても、確率記述は自然現象にも社会現象にも満ち溢れている。しかしこの場合は、現象そのものは確率でないのに、大雑把な記述の段階で確率が現れたと理解されている。すなわち、多くの隠れた変数を記述の変数から省略したことによって二次的に生じたことであると了解されており、これが隠れた変数説における確率の意味である。

すなわち、個別には一つ一つ皆違うのに、多くの特性を無視して関心のある特性だけに着目して数量で表示するのが統計である。ある街の住民という母集団を男・女、あるいはガンになる・ならないで分けて分類する。こういう作業の関心は「ガン罹患率の男女での差は?」といったもので、ガン罹患率は男が女を上回るといった統計的事実を引き出すことができる。分類の相関を見て統計的事実を構成するのだ。

同じ人間が分類変数の選び方のたびに、あちらに分類されたりこちらに分類されたりする。だから、異なる分類同士の間にある種の相関が残って存在すると期待される。二つの相関から第三の相関も期待できる。こうして統計的な規則性という新たな法則がそこに発生する。

その一方、統計的に「女はガン罹患がすくない」が正しくても、それは個々の女性の安全を保障しない。こういう統計的な真実の受け取り方で深刻な課題は大地震、原発事故、核戦争などの大災害の確率である。こうした大災害においては、無数の隠れた変数の整理ができていない。いまも、動物行動や電離層現象に予兆が現れるといった隠れた変数論は時々話題になる。結果、ゼロではないが滅多に起きないことでも、「ゼロでない」なら「起こる」として政策行動を取らざるを得ない。

離れた二点でスピンの向きを観測

こういう通常の統計記述についての話を量子力学論議に挟んだのは、「ベルの不等式」の考察は隠れた変数説を従来の統計記述の一種に過ぎないとみなす試みだからである。通常の統計記述についての思考訓練をした後に、隠れた変数説でＥＰＲが提起した実験を考えるためである。

ＥＰＲ実験とは離れた二地点でスピンの向きが反対向きに相関していることだと大づかみにイメージしてきたが、ここではより一般的な角度での測定による相関を考える。ここで測定とは、前にも述べたように、一回の測定で対象を写し込むことではない。同じ状態の対象を多数個準備して、観測者が設定した測定器と接触させて、測定器に設定された区分に従って、多数の観測イベントがどう振り分けられたかを数えて、各区分での出現頻度の確率を算出することである。

「斜めに測る」と見える異常

スピンとは小さな棒磁石のようなものであり、s極からn極に向かう矢印でイメージするとよい。スピンの姿勢は空間の中での「方向」とその方向に沿った矢印の「向き」できまる。例えば、「方向」は横で「向き」は左というようにである。次にこの姿勢を観測する測定棒を用意する。棒の両端にランプがあり、点灯した端への向きがスピンの矢印の測定となる。例えば、鉛直方向から三〇度傾いた「方向」に置いた測定棒の下端が点灯したのなら、三〇度斜めの下方を向いた矢印としてスピンの姿勢が測定されたということである。

ここで量子的存在であるスピンの異常な振る舞いに注意する必要がある。いま測定対象のスピンの矢印は「方向」が鉛直で「向き」が上だとする。この真上を向いたスピンを斜めの「方向」に置いた測定棒で観測することを考える。「スピンの方向を測る」と聞くと対象のスピンの方向と測定棒の方向が一致した時だけ点灯すると思いがちだが、現実はそうではないのである。方向がズレていても測定棒のランプの何れかが点灯するのである。例えば、測定棒を横「方向」に置いたとすると、左右の端のランプの点灯回数が大体同じになるのである。

これは「観測とは対象をそのまま写し込むことだ」という考えを一瞬にして打ち壊すものである。ただここで我々はこれまで知らない珍獣に出会っただけだと悟ればいいのである。そして、この珍獣との新たな付き合い方として量子力学の確率による語りが見出されたと考えればいいのである。

統計的に対象の姿勢を知る

今度は、予め分からないスピンの方向を、測定棒を使って観測する手法を考えてみよう。まず同じのスピン状態にある試料を多数個準備する。測定棒をz軸から角度αだけ傾け、そこで多数回測定し、測定棒の両端の点灯の回数をかぞえる。これを様々なα（ある有限の幅にあるαの範囲）に対して行い、各々での点灯回数を記録する。するとこの統計的データと理論を下敷きにして、スピンの姿勢をきめることが出来る。例えば、あるβという角度で、点灯のすべてがある一端で起こったら、準備したスピン状態はz軸から角度βだけ傾いた状態だと高い確率で推定されるのである。

このように、量子的な対象の測定というのは、測定装置（いまの場合は「測定棒」）のパラメータ（いまの場合はα）を変えながら、各々で多数回測定を繰り返すことである。この測定で得られる統計的データと理論を下敷きにして、目的とする測定値（いまの場合はβ）が得られるのである。またここで測定結果の表現が「高い確率で推定」となるのは、現実の測定回数は有限だから、さらに続ければ他の端も点灯するかも知れず、確定語りではなく確率語りにならざるを得ないのである。

確率的応答

測定棒の両端のランプに＋と－の名前をつけて区別しよう。対象の姿勢と測定棒の姿勢が揃っていなくても、測定棒は＋か－で点灯する。対象の姿勢が同じでも、決して、ユニークな応答になるのではない。ただ、もちろん方向が完全に一致していれば＋だけ、あるいは－だけ、点灯する。＋だけが点灯する角度から測定棒を少し傾けて、多数回測定を繰り返すと＋＋＋－＋＋＋＋＋－＋……のように＋イベントの中に－が少し混じってくる。傾ける角度を大きくすると－の数が＋の数に近づいてきて、角度が九〇度のもとで多数回イベントをとれば＋と－ほぼ同数となる。九〇度を越してさらに測定棒を傾けると－がより多くなり、一八〇度回転させた回転棒ではすべてのイベントが－となる。

このような特異な振る舞いは一九二二年頃にはシュテルン・ゲルラッハ実験で明らかになったことである。斜めに測る時の＋と－の混じり具合は、もちろん角度で変わり、また＋と－の出現順序はまったく予想不可能なランダムな確率事象である。

この実験事実を量子力学では「状態の重なり」のせいにする。それに対してこの確率事象を「隠れた変数説でも説明可能か？」という課題を設定して突っ込んだ考察したのがジョン・ベルである。

ベルの不等式

ベルはＥＰＲを隠れた変数説で考えるとどうなるかを突き詰めた。ＥＰＲが提起した実験のの設定は発生した地点から十分離れた左右の二地点で斜めにスピンを測ることである。斜めの角度を右ではα、左ではβとする。各々の角度で測れば必ず＋または−が点灯する。今度は、＋が点灯したら１、−が点灯したら-1と記録しよう。すなわち、右でのi番目の測定値をx_α^iと書けば、x_α^iは１または-1の値をとる。同じように左での測定値をy_β^iと書くことにする。

ここで隠れた変数の立場に立つと、これらのx_α^iとy_β^iは$x_\alpha^i(\xi)$と$y_\beta^i(\xi)$のように隠れた変数ξの関数であって、α、β、ξが決まれば確定した値を持つ。αとβを押さえても、いろいろなξの場合の値を一括りにしたので確率的な現れ方になったとするのである。だからx_α^i（$i=1\cdots\cdots N$）の平均値$\langle x_\alpha\rangle=\sum_i x_\alpha^i/N$は$\langle x_\alpha\rangle=\sum_\xi x_\alpha(\xi)P(\xi)$のように$\xi$の出現確率$P(\xi)$を使って書くことができる。同様に同時発生粒子を左右で測る場合の積の相関の平均は$\langle x_\alpha y_\beta\rangle=\sum_\xi x_\alpha(\xi)y_\beta(\xi)P(\xi)$のように書くことができる。

α_1	+1								−1							
α_2	+1				−1				+1				−1			
β_1	+1		−1		+1		−1		+1		−1		+1		−1	
β_2	+	−	+	−	+	−	+	−	+	−	+	−	+	−	+	−
$\alpha_1\beta_1$	+	+	−	−	+	+	−	−	−	−	+	+	−	−	+	+
$\alpha_1\beta_2$	+	−	+	−	+	−	+	−	−	+	−	+	−	+	−	+
$\alpha_2\beta_1$	+	+	−	−	−	−	+	+	+	+	−	−	−	−	+	+
$\alpha_2\beta_2$	+	−	+	−	−	+	−	+	+	−	+	−	−	+	−	+
S	2	2	−2	−2	2	−2	2	−2	−2	2	−2	2	−2	−2	2	2

表　この表の左端の α_1 を本文の x_α、α_2 を $x_{\alpha'}$、β_1 を y_β、β_2 を $y_{\beta'}$ に対応させて、S を計算してみよう。

ＣＨＳＨの不等式

ここで唐突だが $\langle S\rangle = \langle x_\alpha y_\beta\rangle + \langle x_\alpha y_{\beta'}\rangle + \langle x_{\alpha'} y_\beta\rangle - \langle x_{\alpha'} y_{\beta'}\rangle$ というコンビネーションに注目する。右で α と α'、左で β と β' の場合の測定をする。この $\langle S\rangle$ を隠れた変数説で書けば、

$$\sum_\xi [x_\alpha(\xi)y_\beta(\xi) + x_\alpha(\xi)y_{\beta'}(\xi) + x_{\alpha'}(\xi)y_\beta(\xi) - x_{\alpha'}(\xi)y_{\beta'}(\xi)]P(\xi)$$

で計算される。

ここで右の式の［　］内の量を考える。ここには四つの変数があり各々二つの値をとるから、全体で $2^4=16$ の組み合わせですべてである。そして、この一六通りの場合を表に示してある。しらみ潰しに［　］の値を計算してみると、2または−2であることが分かる。だから $\langle S\rangle$ と

は2と-2のξによる平均であり、$\langle S \rangle$は-2と2の間にあるという不等式の条件が得られる。これが隠れた変数説から導かれる不等式であり、「ベルの不等式」と呼ばれている。ここに記したのはあくまでも一つの証明法であり、多くの違う方法でも証明されている。

量子力学との矛盾と実験での検証

次に先述の$\langle S \rangle$を量子力学で計算してみる。中心で発生した測定の対象となる二体系は全スピンがゼロの状態とする。計算の結果は次のようである。

$$\langle S \rangle = -\cos(\alpha-\beta) - \cos(\alpha-\beta') - \cos(\alpha'-\beta) + \cos(\alpha'-\beta')$$

ここで、例えば、$\alpha=\beta=0$、$\alpha'=\varphi$、$\beta'=-\varphi$とすれば、

$$\langle S \rangle = -1 - 2\cos\varphi + \cos 2\varphi$$

となり、これは$0<\varphi<\pi/2$で$|\langle S \rangle|>2$となる。すなわちベルの不等式は満たされていない。この結論は量子力学の確率を隠れた変数説で説明できないことを教えている。

ここに書いたベルの不等式は当初のベルの一九六四年版とは違っていて、後にＣＨＳＨ（クラウザー・ホーン・シモニー・ホルト、一九六九年）により簡明なかたちに整理されたものである。何れにせよ、提案された当時には実験を行うことは難しかった。ただ、これが刺激になって、一九七〇年代に入ると実験の試みが始まった。本書第4章に記したクラウザーが先覚者であった。そしてアスペらの実験により、一九八〇年頃までには、ベルの不等式は成立せず、量子力学の予言が成立することが疑いなく明確になった。

ただし当初の実験はスピンではなく、やはりスピンと同じく二状態である光子の偏り（偏光面）の観測によってなされた。これはレーザー技術が進歩して可能になったものである。後に中性子のスピンを用いた原子炉による実験も行われており、同じ結果が得られている。さらに現在は光子で三体以上でも隠れた変数説が破綻することが実験で示されている。

状況依存性

量子力学の確率は状態の重なりに由来する。全スピンゼロの状態は、

$$|\Psi\rangle_{\text{左右}} = (|+\rangle_{\text{右}}|-\rangle_{\text{左}} - |-\rangle_{\text{右}}|+\rangle_{\text{左}})/\sqrt{2}$$

ここでは h/2 を単に +、−h/2 を − で書いてある。

この重なりは単に複数の状態の混合でなく、干渉効果の現れる複数状態の重ね合わせである。単に混合なら、隠れた変数説でその機能は繰り込めるが、干渉効果は組み込めない。

EPR実験の設定でいうと、右側での観測に左側での観測角度が影響しているということである。$\langle x_\alpha y_\beta \rangle$ の量子力学での計算値は $-\cos(\alpha-\beta)$ であるから、右と左が積の形で分離できなくなっている。これに対して隠れた変数説では、$x_\alpha(\xi)y_\beta(\xi)$ のように、積に分離できている。ここでは、別の角度のペアの異なった実験でも、同じ角度、同じようなら、同じ値が出るとされる。だから、**表**（一三七頁）で見るような全現象の数は有限になり、いかなる組み合わせもチェックでき、ベル不等式のような制限がついてきたのである。すなわち、既にあるものの組み合わせのバラエティの一つが現れるというのが隠れた変数説である。見えない箱からクジ札をひく抽選とか、弓での宝くじの当選番号でも、既にある当たり札や既にある番号の中から一つを選ぶのである。

それに対して量子力学の実験では角度のセット毎に別実験である。α と β、α と β' の観測で、左での角度の違いのために、右側で同じ角度でやっても結果が違うのである。測定のセット全体の設定の中で初めて個別の測定もきまる。この特性は状況依存性 contextuality と呼ばれている。言語学で単語の意味は前後のコンテックスで決まるとかいうが、そのニュアンスに似ている。

蟻の一穴

数式が多くなったが、ベルの議論がよく理解されていないと感じる点をきちんと説明しようとするとこうなってしまった次第である。通常の統計に潜む規則性を暴いたベルの成果は高く評価されるが、何しろ「これは間違いだ」というものを誰も真剣には勉強しない。隠れた変数説が量子力学全体を塗り替える一般理論であろうとする以上、ＥＰＲ実験という特殊な事象一件ででも否定されたら全否定なのである。蟻の一穴でも堤防は崩壊するのである。こうして、量子力学の異常さが正常な統計的確率のベルの不等式で炙りだされたのである。「ボ・ア論争」はボーアに軍配が上がったが、ひっくり返ったパンドラの箱からは「科学とは何か」という難題が飛び出してきたのだといえる。

第８章
プラグマティズムと量子力学
――「見ないと、月はないのか？」

パースのテーゼと「北朝鮮ミサイル」

「ある対象の概念を明確にとらえようとするならば、その対象が、どんな効果を、しかも行動に関係があるかもしれないと考えられるような効果をおよぼすと考えられるか、ということをよく考察してみよ。そうすれば、こうした効果についての概念は、その対象についての概念と一致する」（チャールス・パース「われわれの観念を明晰にする方法」（一八七八年）、『世界の名著48』上山春平・山下正男訳、中央公論）。

対象「北朝鮮ミサイル」をこのテーゼを応用して自分の中に概念化しようとすれば、目眩がするほど当惑してしまう。このテーゼは対象の概念を自分の行動と直結し、しかも「対象Xの概念はこれこれだから行動Yをせよ」とは真逆の方向に、「自分の行動Yに及ぶ効果から対象Xの概念が立ち現れる」というのである。自分の「明日の行動を変えない」という意味では「北朝鮮ミサイル」概念の中身はゼロである。しかしその一方で、「北朝鮮ミサイル」を「存立危機事態」という概念と結びつけた情報の嵐に毎日さらされていると人々の投票行動まで左右してしまう。引っ掻いてみて物が固いという概念が生まれるというパースの例示は説得性があるが、現代での経験の大半は身体的でない情報の注入だから、この例と現代における経験との落差に当惑せざるを得ない。

「行動に影響ないものは存在しない」

このパースの思想を「プラグマティズム」として広めたウイリアム・ジェイムズは、これは一種の方法論であって、「ホテルの廊下」のように、宗教を含む人間の諸活動の考察を繋ぐものだという。「およそ一つの思想の意義を明らかにするには、その思想がいかなる行為を生み出すのに適しているかを決定しさえすればよい。その行為こそわれわれにとってはその思想の唯一の意義である」（ジェイムズ『プラグマティズム』桝田啓三郎訳、岩波文庫）。「北朝鮮ミサイル」に直面して、どういう「行為」をこの思想は引き出すのか？　そのためにこの思想は適していたのか？　「行為」を引き出さないということが逆説的にこの思想の意義なのか？　「存立危機事態」概念が導く「行為」のバカらしさと対比してみれば、「行為（行動）」を生まない思想にも何か意義があるのか？……

ジェイムズの「多元的宇宙」

いずれにせよ、この方法論の有効性がプラグマティックにはつかめない。本章のテーマに近づけてジェイムズのサイエンスがらみの説明を見てみよう。

パースはライプチッヒの化学者オストワルドが科学の哲学に関する講義において、プラグマティズムという名前こそ用いていないけれども、プラグマティズムの原理を全く明瞭に使用しているのを発見したという。

すべて実在するものはわれわれの実行の上に影響を及ぼすものであり、「その影響こそ実在するもののわれわれにとって有する意味なのです。私は学生に向かっていつも次のような質問を呈することにしています。もし二者のうちこれか或いはあれかが真であるとしたら、世界はいかなる点で異なってくるであろうか。もしなんら異なりの生ずるのが見られないとすれば、その場合どちらか一方を選ぶということは意味のないことである」。つまり相対する見解も実際的には同じことであり、実際的以外の意味というのは我々にとっては存しないというのである。

（ジェイムズ前掲書）

こういわれても腑に落ちないのは対象が「自分と関係なくてもあるものはある」と思うから

である。その一方、情報に振り回されない賢明さも必要だという意味では、このプラグマティズムの方法論が有効に関わるのは生活や仕事という小状況での身の処し方、処世術、断捨離といったハウツーものなのかと思ってしまう。

対象が如何なるものかを語る概念とは、その対象がどういう作用・影響を自分の行為に及ぼすかの意味内容であり、逆にいうと、その対象と自分の間の関係になんの影響ももたらさないなら、存しないのと同然だというのである。ここで「存立危機事態」の「影響」は身体や衣食住に対してはゼロでも心理状態まで含めればゼロではない。すると心理状態はバラバラな流れで「影響」もバラバラで、「行為」も「概念」もバラバラで、対象もバラバラになる。まさにバラバラな多数の対象の世界が重なった「多元的宇宙」が立ち現れる。

外の「宇宙」、内の「宇宙」

こうした流れでジェイムズの多元的宇宙（pluralistic universe）を持ってくるのは妥当なのか。宗教の救済などをだした彼の議論との比較は手に余るので判断できないが、行為に影響するそれなりの意味で構成された複数の概念宇宙が人々の心に重なって存在している感覚は禁じ得ない。

ここで「宇宙」とか「世界」という言葉は外的存在と内的存在の両方で多用されていることに注意しておく方がいいだろう。物理学に題材をとった本書だから読者が「宇宙」ときいて膨張宇宙時空という外的存在をイメージされる混線を心配してである。特に外的存在「宇宙」の複数性を論ずるマルチバース（multi-verse、多世界）とか多世界（many worlds）解釈とかとの混同である。ジェイムズの「多元的宇宙」という用語は一九〇九年に登場したものでこれら物理学上の最新話題とは、字面が似ているだけで、関心も内容も違うものである。本書で「多数の可能世界（宇宙）」とかいう場合の宇宙や世界はジェイムズの意味に類似の内的存在としての複数性ことである（エヴェレの「多世界解釈」は量子力学論議のもので本書の主題に絡むが、これは状態ベクトルを完全な外的存在とするものであり別物である）。

量子力学とニールス・ボーア

しばらく「量子力学」を主題に論じてきたのに、本章は何かあらぬ方向から始まったようにみえるが、実はパース、ジェイムズ、デューイといったいわゆる古典「プラグマティズム」と量子力学の関係がいまとりざたされているからである。結節点はボーアである。

一九二五〜二六年、ハイゼンベルクとシュレーディンガーによる数理理論の提出後、その物理的位置付けにおいて指導的役割をはたしたのはデンマークのボーアであった。一九一三年、ボーアはプランク定数を持ち込んだ原子模型でスペクトルの精密な分光データを説明したことで国際的な名声を得ており、またそれを基礎にして国際的な研究センターを主宰したこともあり、原子物理と量子論の動向を指導する立場にあった。ハイゼンベルクの行列力学に繋がる直前の論文はボーアとクラマースのものであったが、またそれ以上に新理論と古典論との関係について、量子遷移による光の放出、波動と粒子の二重性、不確定性原理、波動関数の確率解釈、波動関数の収縮、相補性原理などをキーワードに含むコペンハーゲン解釈を一九二七年に提出したのもボーアの主導である。

ボーアの「思想善導」

既に指導者の位置にあった者のこの力強い構成力に驚かされると同時に、科学のメタ理論にまで立ち入る柔軟な発想の転換にはアインシュタインを含む多くの専門家を困惑させるものであった。私はボーアのこの時点での意図・役割は若き俊英たちへの「思想善導」であったと表現している。素朴実在論の物理主義と要素還元主義に親近感を覚える大半の研究者たちに対して、新生「量子力学」を使ってミクロの世界の探求に勤しめと諭したのである。ボーアが持っていた専門家に対するカリスマ的威信を活かして、「相補性で考えればいいのだ」と科学のメタ理論で煙に巻き、俊英たちがこの段差に躓かないように、研究の動向を「上から」誘導したのである。そして、メタ理論がどうであるかは現場の研究には関わりなく、見事な成果を生み出したのである。

確かに誕生二年目の新生児を前に「異常児だ！」と喚く前に、原子世界で「使ってみなければ分からない」のも事実である。「黙って計算しろ」の思想善導で十分使ってみて〝つかえる本物の道具〟なのかを確かめねばならない。こうした「黙って計算しろ」の時代の赫赫たる成功を積み重ねた半世紀後になって、改めて「これでいくしかない」ことを悟ったのである。そして、アインシュタインをも黙らせて先送りにしてきた「メタ理論」が、実験科学的にも思想問題としても、再浮上してきたという認識がこうして過去を洗い出している現代的理由なのである。

ボーアの育った環境

いくら「カリスマ的威信」といっても、皆をキョトンとさせて黙らせるのに十分な内容が迅速にボーアの中に去来したのは彼の育った環境にあったと考えられる。つまり物理学の専門研究に入ってから培われたというよりは、それ以前に培われた教養が例えば、ボーアとアインシュタインとでは違っていたということである。

このボーアの思想的背景に興味がわくのは当然である。最近、ボーアの母国デンマークのある物理学者（レーザー実験）の書いた『実在への問い——ボーアとヴィトゲンシュタイン：二つの相補的見解』(Stig Stenholm, The Quest for Reality : Bohr and Wittgenstein : Two Complementary Views, Oxford

2011）という本を手にした。ここにボーアの生い立ちをかこむ思想状況が詳しく書かれている。医学の大学教授だった父は定期的に友人の物理学、哲学、言語学の教授達を自宅に招いて談話会をしており、ニールスはよくそこに同席していた。特に哲学のHøffdingはよき対話相手となり、ニールスは特に傾倒していた。この哲学者のスタンスは自宅が近かったという母国の哲学者キルケゴールを出発点とするが、パリ留学を経て実証主義、経験主義に傾く。彼は一般向きにも多くの著作を書き、また後にコペンハーゲン大学の学長に就くなど、ひろく若者の人格形成に大きな影響を与えた。一時、ノーベル文学賞に多くの推薦もあったという人物である。神学から出発するも後年は認識論に集中し、アメリカの心理学者でプラグマティズムの提唱者として名を馳せたウイリアム・ジェイムズと交流があった。彼の著作にジェイムズが序を書いたりしている。

ボーアにかえると、彼とアインシュタインが折り合えなかった最大のポイントは「見出される実在は観測に依存する」という点である。そしてこの言い回しは多分にジェイムズの好んだものと一致する。ボーアはどの著作でも自己の主張を哲学の諸流派に関連させることをしなかったので、ジェイムズなどから影響を受けたものか、自らの考察で達した独自のものなのかは明らかでない（拙著『科学と人間』（青土社）第三章）。

日本の量子力学論議では「プラグマティズム」はあまり登場しないが、HøffdingやジェイムズとのD関わりを記したものは、前述のStenholmの本以外にも、L. Rosenfeld『ボーアの認識論への貢献』（Physics Today, Oct., 1963）や J. Kalckar『若いボーアの思考世界』（Niels Bohr collected works, Vol. 6, North-Holland, 1985）などが存在する。

「振り向く前は、月はなかったと思うか？」

一九五〇年の頃だった。私はアインシュタインのお伴をして、プリンストン高等研究所から彼の家まで歩いていた。彼は突然立ち止まって私にふり向き、月は君が見ているときしか存在しないと本当に信じているかね、と尋ねた。私たちは特に形而上学的な会話をしてわけではない。むしろ量子論を議論していたのであり、特に、物理的な観測という意味で、為しうることと知りうることは何かということを議論していたのである。もちろん二〇世紀の物理学者はこの質問に対して決定的な回答を持っているとは言えない。しかし一九世紀の物理学者の与えた解答がもはや役立たないことははっきりしている。確かに、日常生活という条件に関する限り、一九世紀の物理学者はほとんど正しい。

（アブラハム・パイス『神は老獪にして……』金子務ほか訳、産業図書）

素粒子物理学者で浩瀚なアインシュタイン伝を書いたパイスは戦後まもない一九四六年にオランダからプリンストンにやって来た。この時、アインシュタインが七一、二歳、パイスはその四〇歳年下である。自宅まで歩いて、「たのしい昼食を」といって別れ、研究所に戻ったとあるから、月の出ている夜の情景ではないようだ。それはどうでもいいとして、パイスには「もうその頃にはそういうことに慣れっこになっていたが、帰路につきながら私は、どうしてこの人物は、現代物理の創造に他の誰よりも多く貢献していながら、一九世紀の見方である因果律にこんなに強く執着しているのだろうか、という疑問を反芻してみた」、「彼ら（アインシュタインとボーア）の双方から話を聞いて、一九二五年の量子力学の到来は、一九〇五年の特殊相対論や一九一五年の一般相対論の到来よりはずっと大きい過去との断絶であったことが私にも分かってきた。私は既成の量子力学に晒された世代なので、私にとってそのことは明らかではなかった。アインシュタインはもはや量子論には注意を払っていないのだという噂を鵜呑みにしていた」（パイス前掲書）が、「一般相対論についてより百倍も量子論について考えた」という伝聞に納得がいったと記している。

プリンストン大学の教授として交流のあったジョン・ホイラーはアインシュタインが「いったい一匹のネズミが観測した時に、それが宇宙にどれだけの変化をおよぼすというのだろう」と自問するのを聞いたとも記している（A・P・フレンチ編『アインシュタイン』柿内賢信ほか訳、培風館）。

プラグマティズムとは何?

冒頭に記したパースやジェイムズのプラグマティズムで「北朝鮮ミサイル」と「存立危機事態」の間を考えると導かれる無意味さを嘲ったが、「アインシュタインの月」の論議は同じようなものである。アインシュタインはボーアの「思想善導」策に逆らわずに学界で「喚く」のは控えたが、〝はぐらかされた〟気持ちは抑えきれず、個人的に不満を発していたのである。

ボーアの「メタ理論」は確かに「プラグマティズム」の臭いがする。それはいまでいえば古典「プラグマティズム」である。社会的に不適応で孤立型だったパースは経験主義の徹底や言語や論理の厳密化をはかる論理実証主義に通じ、科学を主題にした。後年、ボーアはノイラートらと交わりがある。その一方、ジェイムズは心理学から宗教体験までのカラフルな講演で人気を博した。デューイは学校教育や民主主義論でより政策領域の社会で重きをなした。それからもう一〇〇年、これが現在にどう変転したかを押さえるのも課題であろう。

確率は信念の強さか?

アインシュタインの量子力学への不満は次の三つになる。

（A）神はサイコロ遊びをしない
（B）それはテレパシーだ
（C）見ないと月はないのか

（A）は確率記述への不満だが、アインシュタインこそが量子力学へ確率を導入した先駆者である。一九一七年の原子準位間の遷移確率のことで、この誘導遷移確率の導入がレーザーの発明にまで発展していく。また、一九〇五年ミラクルイヤーの三大業績の一つでもあるブラウン運動の数理理論は、今日の確率過程数学の嚆矢であり、確率論を語る際の巨人の一人でもあるのだ。だから彼は確率を毛嫌いしたわけではない。原子の大集団の振る舞いを、統計的に賢く扱う手法として、確率を使う名人である。この確率には原因結果の連関で進行するダイナミックな対象が存在論的に想定されている。要素還元で原因結果の連関に還元できるという前提に立っている。

ただ一九一七年論文の確率係数導入の際にはまだ見ぬ世界にそれを託しての前借りのつもりであったのが、一九二七年量子力学では測定の際の意味合いに変わった。今日、確率には客観主義と主観主義の二つの理論的根拠が提示されており、量子力学にも両論ある。確率を外界のものの性質と見るか、賭けのように個人の見通しへの信念の強さと見るかが分岐点であり、古典プラグマティズムのテーマと絡んでくるのである。

アインシュタインは客観確率であると信じ、要素還元がまだ不十分だと考えていたのだ。EPRと同じ一九三五年のER論文ではいわゆる時空の穴、ブラックホールとホワイトホールが連結したワームホールを提唱している。物理的つながりを多数の時空的繫がりに拡大する中での統計的処理のようなことを夢見ていたのかも知れない。

エンタングルメントの存在論的身分

「不満」（B）はEPRで提起したエンタングルメントである。当時はそんなことはおかしいから量子力学は不完全だといったのだが、一九八〇年代には〝そんなおかしなこと〟が事実と判明した。ハイテクの進歩がもたらした実験で判定できたのだ。テレパシーは現実なのである。それを奇妙だとしたのは、物理的作用が従うべきルールを破っているからである。だからこの相関は物理的作用でないという方向に誘導される。遠隔の存在の間の相関は光速の制限のない非物理的作用ということだ。EPRが炙り出してきたテレパシーの存在論的身分が問われているのである。

ここで相関を外界での物理的存在に見ようとするから奇怪なテレパシーだが、相関は情報を結びつける認識者側の判断のプロセスと思えば、非時空的な過程であるから、何の不都合もない。結局、エンタングルメントは物質界のことか、それとも物質界に関する情報のことかという分岐点に誘導される。状態ベクトルによる記述は何れなのか？

私は現在の量子力学は二つの部分から成っていて、状態ベクトルと確率の部分は量子hのない情報理論ではないかといっている。もう一方は、hと時空の次元と関わるものでここは物質世界のものである。いわば、量子力学を物質と情報に切り離す提案である。一回事象の確率を突き詰めれば推論のベイズ確率のように主観確率になる。

エンタングルメントは状態の重なりを前提にしたもので、存在論的には重なりの方により大きな飛躍がある。行動を起こす際の複数の見通し、複数の可能性、複数の帰結予想など、複数の未来が重なっていることと通底する。

「未来は可能性の束」の希望

政治論議はよく「理想はそうだけれども現実はそうはいかないよ」に堕ちいるが、政治学者丸山真男は、それを次のように反駁している。「現実というものがもつ、いろいろな可能性を束として見ないで、それをでき上ったものとして見ているわけであります。しかし政治はまさにビスマルクのいった可能性の技術です」、「現実というものを固定した、でき上がったものとして見ないで、その中にあるいろいろな可能性のうち、どの可能性を伸ばしていくか、あるいはどの可能性を矯めていくか、そういうことを政治の理想なり、目標なりに、関係づけていく考え方、これが政治的な思考法の一つの重要なモメントとみられる。つまり、そこに方向判断が生れます。現実というものはいろいろな可能性の束です」（丸山真男著、松本礼二編注『政治の世界 他十篇』（岩波文庫）、「政治的判断」）。

確かに複数の可能性を想像することは希望である。決定論の宿命の下にあると感じるよりは、各人が主人公だという民主主義の自主性を育み、積極性を引き出すものだ。こうした言説はプラグマティズムに近づいてくる。このあたりの展開は、量子力学自身の理解のためというよりも、「量子力学という科学的成功」が社会に発するメッセージに関わっている。ニュートン力学は原因結果の因果性の貫徹、数学的厳密主義の威力をみせつけて、多くの学問を革新し、また秩序を重視する社会的イデオロギーとして政治体制にも利用された。進化論は弱肉強食の帝国主義や資本主義のイデオロギーとして社会的に作用した。科学理論の成功はその枠を超えたイデオロギーとして人々を導くのである。量子力学は決して不確実のイデオロギーではなく、希望をうむ未完の未来を育むイデオロギーになるかもしれない。

「月は見なくてもある」

「不満」（C）をすこし量子力学に即して考えると「粒子と波動の二重性」という相補性がある。測定するまで粒子でも波動でもなく、実験の仕掛けに応じて概念世界の存在として現出する。

測定によって初めて我々の認知を構成する情報となる。測定装置の多様な仕掛けに応じて、ある側面を見せ、他の面は見せない、相補的なものであり、どの側面を取り出すかに実験者の意図が反映する。認知される情報は装置依存であるというプラグマティズムの言説に近づく。

測定で情報を引き出すのは科学の基本であって、量子力学に特有のことではない。量子力学での測定が別格なのは、問いかけのかたちを対象が指示するのではなく、測定者の側が設定することである。これは対象が観測者の概念世界の存在物ではないからである。粒子と波動はこの概念世界では排他的な概念だが、ミクロの現実では二重性を備えた存在であり、測定者の概念世界の存在ではない。対象と測定者を繋ぐのが測定者の意図を達成させる機器であり、その作用で（対象側からすれば）他動的に応答が引き出される。対象が己の姿を現わすのではなく、測定者が叩いて音を聞き、自分の概念世界の中に対象を描く。だからこの概念世界の月は、人間の目という測定装置を向けるまでは存在しないともいえる。X線測定器を向ければ別の月が見えるともいえる。

ただここで忘れてはいけないのは、感覚器官とその情報処理機構を備えた身体というのも測定器であり、それらと整合する概念世界には歴史的に高度化した社会的文化遺産も含まれる。その文化の継承者としては「月はいつでもある」ものである。現代の体験や実験装置とはそういう「文化人間」（拙著『佐藤文隆先生の量子論』講談社ブルーバックス）のものである。決して原始的身体の「五感人間」のそれではない。私は外界と身体に含まれない「第三の世界」といっているが、そういう「文化人間」の行為、意図、行動、経験、希望……である。仮説に基づく実験（アブダクション）も人類の歴史を引きずる「文化人間」の所作である。外界に関する知識や機器の製造技術に継承された歴史が詰まっている。だから人間の概念世界の存在としては「月は見なくてもある」ものだが、その知識が今日も有効かを確認する意図があれば見てみなければ分からない。

以上、総じていえることは「不満」をかわす策を考えると自然と「プラグマティズム」的言説に誘導されるということである。

第９章
情報の「消去」で発熱
——スパコン事件余話

スパコン詐欺事件

安倍一強政権に揺さぶりをかけている「森友・加計疑惑」に加えて新たに「スパコン詐欺」なる事件が登場した。「森友・加計」は安倍忖度行政を政治的に追及する中で事件化されたが、「スパコン」の方は政治的追及の火の気もないところに特捜主導で一気に事件化した。この経過から、行政セクター間の権力争いの匂いがするとの報道もある。「スパコン」は斎藤某の会社への総計三〇〇億円にものぼる国からの開発経費の一部を他の目的にまわした金銭不正容疑のようだ。なぜか「政権を揺るがす！」と一時報じられたが、政権浮揚のネタと見込んで国費を投じて応援してきたイノベーションのヒーローが転けたという話だ。しかし、技術そのものは虚偽ではないようで、実際、国際的なスパコン性能コンペでは高い位置にランク入りしており、立派なものだ。その意味ではこの先進性を見込んで活躍の場をあたえた、スパコン周辺の専門家、研究機関、開発援助機関などの先見の明は間違ってはいなかったのだろう。

「出る杭は打たれる」

ＮＨＫは『プロフェッショナル 仕事の流儀』でこの渦中の斎藤某を登場させる番組を作っていたというし、「孤高の開発者」として彼を紹介したウェブサイトもあったらしいが、いずれも放映中止や削除となった。また特捜出動のタイミングが絶妙で、もしかしたら、通常国会の首相演説に「日本人はスゴイ」話として織り込む予定だったが、そこまでいくと官邸のダメージが大きいので未然に食い止めた忖度による事件化なのかもしれない。「活躍」を顕彰するのは政治の役目の一つであり、「残念だったね」と同情の一声が官邸首脳にあってもよいのかもしれない。

たしかにこの人物は経歴から見ても異能の人物である。医学部の出だが、米国で医療情報機器のひと仕事をして、日本に帰り、従来の大手コンピュータ業界と関係がない中で、スパコンの仕事に次々と進出した。ここでは、基礎科学系の研究所への納入が先行しており、そこへの関係をつけてあげたり、日本のテクノ界での彼をハイライトする役割をはたした人たちには、私と同業の宇宙物理学の人間もいる。やや学会主流でないコンピュータ使いの達人たちである。そうした人たちの期待を裏切った容疑者の金銭不正の罪は重い。ただ、ここで全部を清算してしまっては、「出る杭は打たれる」という日本の悪弊がまた強まることを恐れる。

「二番目ではダメなのか」のスパコン

理工系には関心がなくても、「スパコン」と聞くとこのセリフを思い出すほど耳目を集めた「二番目ではダメなのか」という蓮舫発言があった。それから一年余した頃、私は日経夕刊に週一で「明日への話題」というコラムを執筆していたのだが、そこで「3・11」の少し前に書いた、二〇一一年一月一二日付けの一話を再掲する。

「大汗かきのスパコン

寒い日が続いているが、急に外に出ると、ぶるぶるっと一人でに身ぶるいがする。動物もよく身ぶるいしているのに気づく。あれは筋肉の摩擦熱で体を温めるためらしい。動物が、新陳代謝で発生する熱以外に、能動的に熱を発生しようとすると、暖房などないから、こうでもする以外に方法がない。

寒くなると熱源が有難く思えるが、周りを見ると、大型映像ディスプレイも冷蔵庫もパソコンも、みな熱を発している。自動車でも発電所でも、大量の熱の捨て方で四苦八苦しているようである。どうも、必要な仕事だけやらせて、熱を完全に断つのは至難の技らしい。本来の仕事よりは、かいた汗の方に、より大きなエネルギーを振り向けているようなものだ。

昨年一〇月、例の「二番目ではダメなのか」のセリフで有名になった、理研のスーパーコンピュータ施設の開所式に出席した。完成はまだだったが、神戸ポートアイランドの一角にある大きな建屋の中を見学した。無人工場の様な広大なスペースに装置を組み立て中であった。驚いたことに空間の大半を占めるのは空調設備なのである。コンピュータ本体の発する熱を外に捨てるための設備だ。専用の変電所も出来ていたが、巨大な電力を消費するようだ。

物体的に同じところで次々と別の演算をやらせるのが計算機である。だから、演算のステップ毎に前の情報をクリアで消さねばならない。電卓でもクリアを押してリセットする。じつは、このクリア＝排情報が発熱につながるのだ。だから「世界一」速い処理は必然的に大汗かきとなる。排モノの環境問題があるように、計算機には排情報の排熱問題があるのである」。

スパコンの高額化の原因

本書のテーマは量子力学をめぐる論議だが、本章は藪から棒に「スパコン詐欺」が登場し、次に「二番ではダメなのか」で有名な神戸のスパコンを見ての「スパコンの発熱」に驚いた文章を載せた。ともにスパコンがらみだが「どう関係するのだ？」と訝る人もあるだろう。

多分、自分自身の認識の拡大に沿って説明するのがよいだろう。まずスパコンの「世界一」とは「大量の情報を素早く処理する」競争であると考える。そのためには、第一に個々の素子での操作のサイクル時間を短くする超速と、第二にそれらを多数並べる大量化が必要であろう。特製の「超速」素子は高価そうだし、それを大量に買えばスパコンの価格は上昇し、「事業仕分け」の目に止まった、と。七年経たいまも、こういう「スパコン」イメージがあると思う。

七年前のスパコン見学での「驚き」とは、その認識が間違っていたことに気づいたことだ。「ちっぽけな本体、バカでかい図体のエアコン、高価な空調建物」という、どこか滑稽な技術の跛行性を現地で見た。コンピュータ本体の素子の体積は「ちっぽけ」だが、演算で発する熱を抜く装置が「バカでかい」のである。イメージを変えてもらうために、少し誇張して俗っぽくいうと、価格の内訳も「本体」よりも「エアコン・電力設備・建物などの放熱の設備」が高価格であり、素子の半導体産業よりは設備建設業のゼネコンに多く支払われるような装置なのである。「超速」も「大量化」も技術的にも簡単で安価だが、熱対策が技術的ネックで、その克服にゼネコン的経費の肥大化をまねいた。これが七年前に行き着いたスパコンの姿なのであった。

発熱退治のヒーロー斎藤某

「発熱」がネックだという認識は、勿論、当時の世界のスパコン業界でも共有されていて、この頃から「世界一」の指標も速さと発熱（の低さ）で評価するGREEN500に変わっていった。不幸にも「スパコン詐欺事件」で多くの人が知ることになった斎藤某はまさにこの発熱退治のヒーローとして世界的に頭角を現していたのである。発熱をクリアできれば、ゼネコン仕事の部分が節減できるだけでなく、「本体」のチップ設計にも新たな挑戦が可能になる。単純に冷やすだけではない総合的な性能向上に道を拓ける。

従来のスパコンイメージである「大量化」や「巨大ゼネコン的設備」は大手企業の独壇場で、確かに「大手」が「発熱ネック」迄の開発を牽引した。その段階で「ゲームのルール」が変わり、彼のベンチャーのような「大手」でない企業が躍り出た。この経過を見ただけで、素人目にも「七年前」からの変貌が窺える。

斎藤某のＰＥＺＹ社はスパコン発熱を特殊な液体で冷却する技術を導入したのである。「液浸冷却技術の冷媒には、熱輸送効率が高く絶縁性のあるフッ素系不活性液体（フロリナート）という液体を使います。この液体で専用の液浸槽を満たし、その中にサーバやストレージなどをまるごと沈め、冷媒を冷却、巡回させて、機器が発する熱を処理します。このように、冷却システム全体を効率化することにより、消費電力を大幅に削減でき」、「Suiren は 4.95 GFLOPS/W を記録。その結果は二〇一四年の GREEN500 で、5.27 GFLOPS/W の成果を叩き出したドイツの GSI Helmholtz Center のコンピュータに次いで、世界第二位となった。さらに翌二〇一五年六月の同ランキングで、PEZY Computing による新モデル「Shoubu」（菖蒲）と「Suiren Blue」（青睡蓮）、そして「Suiren」の三台のスパコンは一～三位を獲得。スパコン開発を始めて約一年しか経ていない、わずか二〇人ほどの小さなベンチャーは、世界のコンピュータの祭典で表彰台を独占した」（「エクサスケーラー　天才・斎藤元章の肖像」『WIRED』日本版 VoL. 20, 2016.10.8）と、Ｉ

Tメディアは快進撃を伝えていた。ここで「G（ギガ）FLOPS/W」のFLOPSは一秒間に実行できる浮動小数点数の演算回数のことで、「ゲームのルール」がGREEN500に変わったというのは競争の指標が「FLOPS」から「FLOPS/W」に変わったことである。「FLOPS」が大きくても「消費電力＝発熱」のW（ワット）が大きければ「FLOPS/W」は小さくなる。

情報とモノ

スパコンの発熱問題は実は「情報とモノ」という、量子力学論議にも関わる深い問題である。いまではスパコンの単純なスケールアップを阻む技術課題として、生々しく姿を現しているが、一九八〇年代にはまだ論争的な基礎的理論問題であった。「液浸冷却技術」も所詮は発熱トラブルへの一時的な弥縫策であり、より根本的に「熱の出ないコンピュータを作ればいい」という発想もあろう。ところが「永久機関不可能」をエントロピー増加の熱力学第二法則が証明するように、情報処理での「最小発熱原理」が証明されており、現在の方式では「熱の出ないコンピュータ」は不可能なのである。そこでこの理論的限界突破を掲げる量子コンピュータの開発に目が向くことになったのである。

「情報」は非物質的な存在であり、熱は「モノ」の性質である。「発熱」トラブルは情報とモノの峻別が不可能であることを教えている。たしかにエントロピー論議で登場する「マックスウェルのデーモン」の観測や認知もモノの物理法則と関わっていることを示唆している（拙著『量子力学は世界を記述できるか』青土社、第二章）。モノの「観測や認知」はまさに量子力学論議の中心テーマでもある。漠然とこうした繋がりを指摘したうえで、この「情報とモノ」をめぐる課題の入り口に戻って見ていくことにする。

ファックス漫談

家庭にＦＡＸが普及した頃、次のような漫談が登場した。「おじいさんが、送るＦＡＸの紙が出てきたので、失敗したと思って何回も挿し込んでいる」と。郵便が戻って来たら送り直すのは当然である。ＦＡＸやテレビやスマホでは、送信側で音声や映像の情報を電気信号に変換して移送し、受信側で再び音声や映像に復元させる。電子や電波や光子といったモノそのものではなく、モノの動きのパターンが移動していくのである。いわばコトの移送である。モノの移送ではモノは堆積するが、コトは済めば何も残らない。

ＦＡＸなどの情報機器が一般の生活に入り込んだことは、モノと情報は別物だということを我々に悟らせた。例えば、手紙はモノと情報の統合した存在だったたから、モノとしての手紙には使用する用紙や縦横の比などに趣向を凝らしたりできたが、モノと情報の分離は、麗しいこうしたカルチャーを消滅させた。ＦＡＸでもモノ（紙）の上に復元するが、そのモノは受信側が用意したモノだから、送信者の心を込めることは出来ない。もっとも標準化されたモノで伝えることはできる。お中元やお歳暮で、大手のビールといった全国一律の定番商品なら、京都から仙台にモノを移送しなくても、京都から仙台に情報を送って、仙台にあるモノを配達すればいい。

モノの材料は遍在する原子

こうした発想を膨らますと、究極的にはこうなる。ある人間の身体の全情報をいったんデジタル情報化して移送し、受信側では3Dプリンターのような装置で、情報に基づいて現地の材料で身体を復元する。肉体だけでなく、脳の動きもすべて情報化して送れば、復元できる。モノ（身体）の移送なしに、身体が移送できたことになる。地上の原子も月の原子も、存在としては別物でも、同一の機能を持つ原子である。身体の原料は遍在する原子材料だから、移送されてきた情報で、現地のモノを再編成すれば身体も製造可能となるのだ。月旅行も情報をはこぶ電波でできるかもしれない。

符号演算の痕跡

映像ファイルを無理やりワープロソフトで開くと意味のない記号列が現れ、「ああ、デジタル時代だ」と納得する時がある。ナマの世界をこうした同質のビットという符号情報にいったん変換すると、機械的に演算できる。この手法は度量衡の計量、価値の貨幣での数量化、運動を方程式で扱う力学などを嚆矢とする数理的学問の系譜に連なる。言語もナマを符号に置き換えるものではあるが、数字という符号のように厳格な論理や数字の演算の対象にはなり難く、演算という視点からするとナマと数字の中間に位置するといえる。

演算で特徴的なことは、ソロバン時代の「ご破算で願いましては……」、あるいはパソコン時代の「消去」や「再起動」などの操作で、いとも簡単に「在るもの」を「無きもの」に転換できることである。「捨ててもゴミにならない」というイメージがある。これはナマものなら用済みで破棄しても必ず厄介なゴミとして居続ける鬱陶しさと対照的である。家庭ゴミ、生理廃棄物、産廃、排気ガス、解雇、殺人、遺体、ネグレクト、投獄、……など、関心ある表舞台から見えなくしてもしつこく裏舞台では存在し続ける。パソコン操作での「消去」や「再起動」のように気軽なものではないことを身に沁みて悟らされている。

「消去」——情報の管理替え

モノの場合、捨てるという表現は中立的ではなく、ある主体の意図との関わりにおける関心の転換の表現である。同じ現象がある主体から見て「捨てる」でも他の主体から見て「拾う」という場合もある。だからある特定の主体の中での位置付け、部門分けといった管理内容の転換といえる。その転換に伴う主体のモノへの行為によってモノ世界での状態変化が具体的に起こるのである。モノとしての「消去」ではなく、主体の「消去願望」の行為によってモノを「右から左に」移すような状態変化なのであり、消えるのではない。

一方、情報「消去」での主体の介入は自明である。というより情報とはある主体が客観世界から収集・編集して構成したもので、モノのように自存するものではない。もともとあるものを取捨選択で主体が束ねたものだから、「消去」とはその束ねていた手を放しただけともいえる。「消す」というより「手放すこと」である。

いずれにせよモノ「消去」の鬱陶しさと違って、後腐れのない情報「消去」には軽快さがある。この対比がモノと情報の差を際立たせるポイントの一つである。では本当に情報は跡形もなく「消去」されたのか？　本章で話題にしている「スパコンの発熱問題」はここに関わっている。

モノから独立した情報の存在感

「情報からのモノの復元」、「消えないモノと情報の消去」、「主体介入でのモノの管理分け」、「主体が構成する情報」といった、ひと時代前なら、抽象論議であったものが、最近のように情報機器との付き合いの中で生活していると、いちいち思い当たる節のある論議になっている。「消去で跡形もなく消えるのか？」などは、最近では多くの人が関心を寄せる実用論議でもある。事ほど左様に、モノから独立した情報が独自の地位を確保して、われわれの思考や行動のパターンに影響を与えており、「ＡＩブーム」とかでこの傾向はますます強まるであろう。

この現実社会を牽引する情報とは測定機器やコードやプロトコールを介してデジタル情報にまで変換できる情報を指す。この意味の「情報」の包括性や限界の議論は置いてきぼりだが、拡大の一途である。ＩｏＴはモノのコト（Ｔ）をデジタル情報（Ｉ）に転換する仕掛けで、それが社会を覆い、ビッグデータが蓄積し、ＡＩが演算する時代がやってくるという。

情報もモノに居場所が必要

現在の情報機器では、この意味のビット情報は電子や光子というミクロなモノの空間的・時間的に記述可能な物理状態として存在する。「消去」や「再起動」を含むいわゆるコマンドによる論理演算とはこれらモノの物理状態の変化を意味する。モノの空間的・時間的な変化とは、物理学の言葉でいえばエネルギーの出し入れをともなう運動や状態変化である。すなわち一旦モノから離れた情報はここで再びモノに出会うのである。これは携帯情報機器の電池マネージの鬱陶しさで思い知らされていることで、物理学者の説教など不要であろう。

宅急便でのモノの移送に比べれば、メールでの情報移送のエネルギーは桁違いに少ないがゼロではない。情報化時代でいう「情報」とは決してプラトンのイデアのような、モノと無縁な存在でなく、モノの状態の差として表現可能な存在のことである。情報もモノに居場所が必要なのである。その意味ではマクロなモノの世界をミクロなモノの世界に写し変えただけだといえる。ナマのマクロ世界の改変には巨大なエネルギーを要しても、「写し変えた」ミクロの世界では桁違いの極小のエネルギーで演算ができ、「ナマのマクロ世界」の改変シミュレーションが可能なのである。

モノの振る舞い――コトの管理替え

話を「情報」の居場所である半導体チップのミクロなナマ世界に移そう。

もう原子や電子や光子の普通のミクロ物理の世界だ。これらのある物理状態がある情報の表現なのであり、情報の演算とは物理状態を変化させるコトであり、エネルギーの出し入れが伴う。後腐れを残さない「消去」や「再起動」でもこのエネルギーの出し入れが伴うから、使用済みエネルギーをポイと捨てて、無にできるのか心配になる。たしかに、物理学の「エネルギー保存法則」や「熱力学第二法則（エントロピー増加）」がいうように、モノと同様、エネルギーも不滅であり、排熱、廃エネがしつこく付き纏う。

つまり、モノ同様に、エネルギーも無くなるのではなく、エネルギーの管理替えに過ぎない。そして、モノの「ゴミ」に当たるのがエネルギーでは「熱」である。熱概念にはゴミ概念同様に主体が介在する。ゴミも熱も誰かから見た区別である。「誰か」は個人から人類までと幅がある。熱とはエネルギーの利用や操作の可逆・不可逆といった主体が持ち込んだ視点での区別に付随する管理区分であって、主体の関わらないモノ世界自体やエネルギー概念自体に自存するものではない。

「消去で発熱」回避を目指す量子コンピュータ

プラトンのイデアと違って情報には物理的居場所がある。コンピュータでは物体的に限られた演算の居場所を「ご破算で願いましては……」のように何回も消去して次の演算に使いまわす。つまり、白板の面を何回も消して使いまわすイメージである。毎回、白板の状態を、前の演算と関係ない「白紙」にするため消去する。この物理作用に最小熱エネルギー発生が伴うのである。

情報を留めておくだけのＵＳＢメモリーは発熱しないが、状態を変える演算では熱が出る。パソコンは始終状態を変えているから発熱するが、それは内臓のファンでの空調で処理できる程度であった。それが、スパコンでは同じ原理での発熱だが桁違いの超速・大量なので、その発熱対策にゼネコン設備産業の手助けまで必要になっていたのである。

「情報は物理的である（Information is Physical）」というランダウ（R. Landauer）の有名な論説がある（*Physics Today*, May 1991）。物理法則を情報論的に見直す視点を提供している。「この見直し」と関連して量子力学の学問論の議論を私は展開しているが、突発した「スパコン」事件は「消去＝発熱」を接点に「情熱とモノ」に向かう格好の予備議論になったともいえる。

現在のコンピュータはマクロ世界のデジタル情報化でミクロ物理世界に写し変えて情報処理を行なうミニチュア機械であり、ナマの世界から見れば桁違いに小さいとはいえ古典機械の身上である発熱は必然であったのである。「スパコン」での「ゼネコン」の登場がそれを見せつけていた。一方、デジタル化された情報の処理を発熱なしに実行できるかというのが量子コンピュータの一つの目標である。そしてそのもう一つの特徴である「重なった世界での同時処理で超速・大量化」は、「モノの世界」のリアルの感覚の変更を迫っているのである。ここで「古典」と「量子」での「情報処理」の違いが浮上してくる。

「日本人離れ」

「スパコン詐欺」報道を聞き、スパコンに新機軸をひらいた日本人がいると以前に聞いたことがあると思い出し、積んであった松田卓也『人類を超えるAIは日本から生まれる』（廣済堂新書、二〇一六年）を手にしてみると、表紙に「日本イノベーター大賞2015年受賞　斎藤元章氏との対談を収録」とあった。著者から手渡しで貰った本であるが、彼は遠い昔に私が指導した最初の大学院生で、宇宙物理をコンピュータを使って活躍してきたが、大学を定年退職した後はAI未来学の論客になったようで、ここ一〇年ほど「NPOあいんしゅたいん」で時々顔をあわせていた。

この「対談」で斎藤某の経歴もよくわかるが、「6リットルに73億人の脳が収まる」とか熱の制御で電子素子の集積化によって携帯スパコンも可能になる、といったAI「シンギュラリティ」衝撃の未来図の夢を掻き立てる話も出てくる。ベンチャーを立ち上げる中に、こんな大きな未来図を語る日本人離れした人間が出てきたのだと頼もしく思ったものである。

第10章
スマホの武器は配られた
——イットとビット

ど肝を抜く退官行事

二〇一八年三月初旬、大阪大学の井元信之教授の「最終講義」の案内を頂いて、豊中のキャンパスまで出向いた。もう十数年前だが、勃興しつつあった量子情報への興味で知り合った仲である。朝日新聞の尾関章の仲介だが、『量子の新時代――ＳＦ小説がリアルになる』（朝日新書）という三人共著の本もうまれた。

この日わざわざ出向いた動機には最終講義「理学と工学のエンタングルメント」への興味もあったが、同じくらいの時間の長さの「ピアノ演奏による補足説明」なるセッションがついていたからである。プログラムには「第n高調波を音で聞くとどうなるか？　光コム（二〇〇五年　ノーベル賞）はピアノ調律原理に基づくことを実演、またロシア化学界の重鎮だったボロディン作曲の有名曲、ハイゼンベルク来日時の演奏曲やアインシュタインの愛奏曲などを京大白石誠司教授（京大工）らとともにお聞かせします」とある。教授のピアノ演奏、ヴァイオリンとの合奏、メゾソプラノ独唱の伴奏といった音楽会付きという趣向をこらした洒落た退官行事であった。まったく「おあそび」のレベルではなく、ショパンのいかにも難しそうなピアノ演奏を、楽譜も閉じて一気にやってのけたのには「マイッタ」という感じであった。

彼は書く方も達者で、その音楽談義は雑誌『窮理』（窮理舎発行）に連載の「音楽談話室」でみることができる。この雑誌は発行人・伊崎修通の刊行の辞「寺田寅彦や中谷宇吉郎、湯川秀樹、朝永振一郎といった先人の物理学者に倣って、科学の視点に立ちながらも、社会や文明、自然、芸術、人生、思想、哲学など、幅広い事柄について自由に語る場を、広く読者家の方々と共有していきたいと考えております」とあるように、物理学の世界に文化の薫りを育てるものとなることを期待している。

ハードとソフト

井元はＮＴＴの研究所で光ファイバーの研究をしていた縁で、英国のレーザー研究の世界に飛び込んで、まだ海のものとも山のものと見当のつかなかった量子情報に発展する研究の揺籃期に接し、帰国後はこの分野の日本での興隆に貢献した。私は量子力学の進展への興味から「量子情報」に出会っていたため、紙の上の勉強だからｑビットの汎用的な論理素子となるハードの開発を経た後に量子情報処理の実用化が始まるものと思っていた。そこで彼から「量子暗号ではもう実用のハードもあるんですよ」と教えられて、ハードとソフトの関係は単純に分けてはいけないなと思ったものである。

「物理と情報」、「モノとシンボル」、「イット（it）とビット（bit）」、「シニフィエとシニフィアン」。これらはある種、同じ内容の対比の表現であるが、いろいろな言葉がある。世間的に一番広がっているのは「ハードとソフト」であろう。もちろん、各言葉には各々みな独自の対比の仕方だから、こう同格に並べることに異議の声も上がるだろうが、何でもまず大枠を押さえることは大事なことである。「イットとビット」は「ブラックホール」という言葉の創始者ジョン・ホイラーの造語だが（拙著『佐藤文隆先生の量子論』講談社ブルーバックス）、「ブラックホール」のようには流行っていない。

「情報は物理」

スパコンの発熱は情報処理が物理過程であることを悟らせるという話を前章でした。モノが無くなるわけでないから、「消去」というソフト操作をしてもハードのモノの上の物理的痕跡はのこるのだ。この「現実の重み」が量子情報の処理では一見回避されるかも知れないと期待されている。なにしろ実世界でない無数の虚の多世界での物理過程としての量子情報処理だから、実世界に「捜査可能な」因果的歴史を残さないのである。

「言論の自由」とかいうように、言語（ソフト）はその表現媒体（ハード）に左右されないように見える。ある文字の後に勝手な文字が並ぶことを禁止する物理法則はないという「自由」である。ハードはあくまでも道具であって、その自己主張はソフトに跳ね返るものではない（原稿の文字数などを忘れた話として）。記号化の並んだ文章を見ていると確かにそう見えるが、音声や音楽に関してはその発生の物理過程から想像すると、全く自由ではないようにも見える。絵画でもハードの差異とソフトの差異は一対一対応ではなさそうである。芸術や芸能では「ハードによるソフトへの制限」を超える「自由」への挑戦がなされているともいえる。

「量子アニーリング」

「計算」、「認知」、「最適化」、「予測」、「分類」、「検定」などなど、スパコンや量子計算に期待される仕事内容は多様である。ここでは、非自然的アルゴリズムで書かれたソフトの指示を実行できる汎用の装置が目指されている。その一方、近年、自然的な物理過程そのもののアルゴリズムの進行で情報処理がなされているという事例が注目されている。もちろん、自然に従えば「自由」はなく、汎用を犠牲にした単能かも知れないが、ハードの製作が格段に容易になる可能性がある。

第5章の冒頭に記したＮＨＫニュースはこういう情報処理をテーマにした国際会議であった。

「量子コンピュータD-Waveの理論は日本人！」と報じられた「量子アニーリング」という話題である。「組み合わせ最適化問題」に特化して能力を発揮する。「アニーリング」とは金属を「焼きなます」というような冶金学の言葉である。いったん高温のバラバラな原子整列の状態から冷ますことで、原子整列を目的の性能を発揮する配列に組み換える物理過程のことである。

一方、現代人には「ハードディスクに情報があるとは、そこの無数の小磁石（スピン）の配列のパターンで表現されている」ことだという感覚はできている。だから、原子のスピンの配列をデジタル情報と見立てれば、このアニーリングの物理過程で「（金属としての）目的の性能」へ変化することが、情報科学の「最適化」仕事での正解（であるスピン配列）への接近になるというのである。

チューリング型計算機のように「情報過程を物理系上に実現する」のではなく「物理過程を情報過程と読み替える」といってもよい。温度が高い時の原子やスピン系がお互いに作用しながらふらふら揺らいでいる状態が冷めるにつれて目指す状態におちついてくる。これはあたかも、ああでもない、こうでもないと、フラフラ迷っている精神状態を経て、ある正解にたどり着くのに似ているというのである。

こういう「物理過程を情報過程と読み替える」成功事例が続くと、すべての物理過程が実は情報過程なのではないかという世界観を喚起することになる（S. Lloyd, "Programming the Unierse", KNOPF）。すべては空であり、プラトンのようにイデアに過ぎないといった世界観である。これはまた「存在」から「認識」を引き算した残滓はゼロなのか、何かが残るのかという問いも誘発する。

物理過程と機械過程

量子コンピュータのようなハイテク界の話題を追っかけるのがこの本書のテーマではないが、これまで存在しなかった人工装置やインターネットのような工学的システムが次々と登場する時代になっている状況を、どう学問論にも反映するべきかという意味ではワクワクする時代である。

唐突だが「空を飛ぶ鳥から飛行機を引き算すると何が残る?」と問われれば、「飛行機は人間が飛ばすものだが、鳥は自ら飛びたつものだ」と、いわば飛行士が乗った旅客機が鳥に対応すると気づく。こうして、鳥から飛行機を引き算した残滓として生物という自律的なシステムの特徴があぶり出されてくる。すなわち、工学的な人工装置が人間学に新たな視点を生み出すのである。社会のイノベーションを駆動する人工装置は、その裏番組として、人間学という最古参の学問に新ネタを提供するのである。

こういう話を聞くと、「最近流行り言葉のＡＩという人工装置を人間から引き算して何が残る?」「完全なヒューマノイドが完成すれば引き算の残滓はゼロになる」とか、議論が弾む。もっとも、人間に比べると人工装置には人工知能ＡＩだけでなく人工生命、人工認識……といった機能別工学的装置があるからこそ、それらを次々と引き算していったら何が残る？　と、「裏番組」を追いかけるのも面白いかも知れない。

「人生とは何か？」、「人間とは何か？」、「自然とは何か？」、「科学とは何か？」といった永遠の問いの内実は社会に人工の工学装置やシステムが登場することで更新されていかねばならないだろう。まさに「人工の工学装置やシステム」で炙り出される人間が人文学の課題なのだと思う。

「アルファ碁」でなくスマホが核心

話は逸れるが、長く生きている者として、「ＡＩ」という言葉の嫌な体臭に一言いいたくなる。半世紀以上前の「幼い大国」米国でのかつてのＩＱブームに見る知能観も、コンピュータ能力を基礎にした最近話題のカーツワイルのシンギュラリティという未来論も、冷戦勃興期に語られた、原子力に象徴されるマッチョな科学技術的崇高の観念を想起させ、私にはどこかしっくりこないのである。「ＡＩの時代」だという近年の認識には同意するものであるが、「科学技術的崇高」の感覚で語られるとしたら違和感がある。人類の外に「崇高」を措定した高揚感は人間の感情の一部であることを否定はしないが、いま「ＡＩの時代」だというのはそれが核心ではないだろうといいたい。

「アルファ碁」のような話題はマスとして捉えた人類でなく、異能のエクセレンスを持ってきて「この人類代表」とＡＩを競争させるもので、マスの人類はオリンピックのように見物するだけというイメージを強調するのはおかしいということだ。現在の「ＡＩの時代」の真髄は、ハイテクが工学的に可能にした知能・情報の人工装置を庶民がスマホのようなかたちで携帯するようになったことである。「アルファ碁」などはお遊びの話題であって、社会変動の発火点ではない。かつて洗濯機を主婦に配ったことで起こったことに匹敵する社会変動が、スマホが配られた社会に始動する、あるいは万民の幸福のために始動させようという意味である。印刷や放送やスマホといった、つながりの新たなメディアの高度化がますます進み、良きにせよ悪きにせよ巨大な社会変動を引き起こす起爆剤になるということである。技術が社会変動に及ぶのはいつもマス化である。

「量子力学は人間を炙り出している」

「鳥から飛行機を引き算した残滓」に話を戻そう。「ＡからＢを引き算した残滓ＣからＡの本質を探求する」という手法は、Ｂは設計した人工物だから未知を内蔵していないという前提に立っている。熟知の操作可能なＢによって、Ｂに解消できないＡの本質を炙り出そうという手法である。

量子力学は「人間の思考様式というものの特殊性を炙り出している」と、二〇年ほど前から、私はいっている。

「筆者は数学的に明確に定式化されている量子力学のほうが、逆に物理学者の直感の変革を迫っているのだと思う。我々は理論でもって鍛えられなければならない。思い込みをイデオロギーというなら、我々はまだ古典物理のイデオロギーから量子力学を見て不思議と言っているのである。直感的理解に思い込みが必要であるというなら、我々は量子力学のイデオロギーとは何であるのかを考えるべきであろう。このことは人間の思考様式というものの特殊性を炙り出してくるものだと考える」（拙著『物理学の世紀』集英社新書、一九九九年、第四章）。

ここでの「炙り出している」と冒頭の「引き算の残滓が炙り出している」の関係はいささか複雑である。まず残滓Cが正であるとして、「人間の思考様式」と量子力学のどちらがAでどちらがBなのかも自明でない。「人間の思考様式」を「問題解決・選択」のように局限してみても簡単ではない。漠然と、一方が他方に包含される関係にはないことが分かるので、共通部分の大きさに関心が行くのかもしれない。議論をより論理的にするには「古典物理学」と「人間の思考様式」の関係も整理しておかねばならない。

「素朴物理学」

認知科学の一つの手法は子供の発達に着目するものである。例えば子供は自らが出会う周囲の状況把握のために様々な「素朴理論」を立ち上げているという。物理的環境にたいする「素朴物理学」については、特に理科教育の分野で多く研究が行われてきた。例えば、ニュートンの法則によれば力＝質量×加速度だが、これは真空中のことで、現実の世界では空気や水の粘性のために、力＝質量×速度と考えたほうがデータに合う傾向がある。この擬似的な法則に基づく素朴物理学は、創始者の名を冠してアリストテレス物理学と呼ばれる。アリストテレス物理学のほうを自然に受け入れる子どもたちにニュートン物理学の知識をどう教えるべきかという問題は、昔から理科教育の基本的課題の一つであった。学習の過程で心の中の知識がどう変化するかという問題は、前の項で述べた概念の変化の問題と深い関係にある」（安西祐一郎『心と脳』岩波新書）。

ニュートン物理学は物体の地上での運動と天体の運動の統一理論として登場したものであり、これが天の世界と地の世界の位置付けをめぐるガリレオらの思想闘争を経た後の、数理職人的な達成であったことはよく知られている。

「第一の飛躍」と「第二の飛躍」

この話を持ち出したのは、物理的状況把握の「人間の思考様式」にふれるためである。当然ではあるが、ニュートン後の人間でも身体的認識のフレームは素朴物理学である。子供のアリストテレス物理学の身体が「第三の世界」の文化遺産の学習を経て世界像を変える。古典物理学でさえ決して人間的ではないということである。だから、「空気中から天空へ」の世界の拡大のように、「マクロからミクロへ」世界を拡大したら、そこにニュートン物理学でない量子力学が立ち現れてきたというのは、歴史の進展を実感させるだけであり、素直に受け入れてよさそうである。

「ニュートン物理学から量子力学へ」の第二の飛躍は学習の難易の程度の話であって、「アリストテレス物理学からニュートン物理学へ」の第一飛躍の方が身体を離れる意味ではるかに革命的であったともいえる。確かに、この物理学の「第一の飛躍」は、人類の社会文化全体の近代化という強大な歴史的転換と随伴する形で定着したものである。自然や天空のワールドビューだけがこの巨大な人類史の転換を駆動したわけではないが、発火点の一つであり、技術への波及を通して巨大な駆動源になったことも事実である。

量子力学への「第二の飛躍」は「第二の近代化」か？

この「第一の飛躍」の歴史的広がりを想起することは「第二の飛躍」も「第一の飛躍」に匹敵する「巨大な人類史の転換」に連なるのか？　それとも「転換」が既に始動しているのか？といった問いかけを喚起する。量子力学の登場を、物理学内の「革命」とみるか、物理学と数理情報学の関連の進展とみるか、ＩｏＴが吐き出すビッグデータをＡＩに喰わせる情報化時代の技術基盤とみるか、どのレベルで捉えるべきかという新課題が気になる時代になったといえる。

「第一の飛躍」は生体を含むモノ世界における物質変造とエネルギーの革命であり、「第二の飛躍」は情報革命を推進しつつある。これが多数の民衆を社会の主人に登場させた。「第一の飛躍」が随伴した「近代化」に匹敵する次なる「転換」の潜在的な「発火点」や「駆動源」として量子力学があるのか、単なる当該専門家の「学習難易度の程度問題の話」なのか、という課題である。物理学の好事家の話題なのか、それとも、「第一の飛躍」のように人類全員を巻き添えにするものなのかでもある。物理現象の把握に限っても、スッピンの人間＝アリストテレス物理学が数理をツールにニュートン物理学へ「第一の飛躍」をはたしてしまった後では「第二の飛躍」などは単なる成り行きに過ぎないのかも知れないからである。こうした問題意識も学問論の一端である。

「何から、何をみる」

学問論というと難しそうだが、手法としては次の二とおりである。「世界を自分をとおして知る」と「自分を世界をとおして知る」である。ここでは「自分」とは間主観的には「我々＝人間」のことであり、「知る」は伝搬可能な公共性をもつ知識のことである。これらは、各々、「人間を世界に外化する」と「世界を人間に外化する」と言ってもよい。一見すっきりしている分類法だが、いま風には「人間」も分子機械だから、「人間」と「世界」の二元論は古臭いとされ、現代の自然科学はむしろ「世界を世界をとおして知る」であり、偶然的存在の「人間」は排除され、分割された「ある世界」と「べつ世界」をつないで見せる。

「ここで「AをBをとおして知る」とは、使い慣れたBをホームベースにして対象Aを解明する、の意味である。自己言及に陥らぬように、他者Bの中にAを描く。Bは既知・制御可能・操作可能・表現可能、などの機能面において対象Aとは異なるが、同じ現実の存在がAにもBにもなり得るものである。

最後に組み合わせを完結させるには、「人間を人間をとおして知る」という営みもある。ここでも「人間」を切り分けてつなぎ直すのだが、別に引っ付ける技術が進むから要素還元主義は強力なのである」（拙著『科学者、あたりまえを疑う』青土社、第2章）。

冒頭の「引き算」論議も「量子アニーリング」も「AをBをとおして知る」の手法であり、

人工Bの出現が新たな学問論を駆動するのである。

黄昏のモスクワ

いまから三〇年以上前の一九八六年秋、モスクワの物理研究所に二週間ほど滞在した。ソ連崩壊まであと五、六年という「黄昏のモスクワ」といった感じの頃である。物理の議論をしていてテーマに興味があったので彼が手にしていた計算用紙を「コピーしてくれないか」といった。すると居合わせた者たちがロシア語でザワザワし出しが、結局、コピーは不可能だった。内容が秘密であるとか、アイデアの先取件で私を警戒したとか、そういうことでは全くない。理由は七〇年も前のロシア共産革命に由来するようだった。なんでも印刷（複写も印刷）は許可制だという。もちろん相対論の物理の内容自体の公表には何も問題がなく、許可を申請すれば許可される。しかしこのプロセスは結構重いので、みな嫌がっているのである。

ここからは推測も入るが、こういうことだと思う。当時、印刷という行為は、攻撃の意味でも防護の意味でも、政治活動の最大の武器であった。このために印刷という行為が別格な位置付けとなったのであろう。つまり印刷許可制は一種の刀狩りであったのであり、その大原則が七〇年後の研究所内でも貫徹していたということである。

「スマホの武器は配られた！」

印刷による広報のメディアは帝政を打倒した自らの武器でもあったし、政権獲得後では反体制派の芽を摘む上でも大事な制御の手段であった。自分らの成功体験に引き寄せても、自由な政治的発言が印刷で広がることの危険性は熟知していたのである。これを緩めればアリの一穴になることを恐れて革命以来残っていたものと思う。実際、一九六〇年代までは、風刺を織り交ぜた反体制的言動の印刷物のインテリ層への広がりを止めるのはソ連の現実的に重要な政策だった。無人の部屋に置いてある印刷機は為政者の不安の種であったのだろう。

天安門事件で亡命を余儀なくされた私の友人（故人）、方励之は学生に民主化を訴えていた一九八〇年代中頃、彼の演説を録音したカセットテープが、学生たちの手により次々とダビングされて広がったという（拙著『歴史のなかの科学』青土社、第9章）。いまそのお隣では「クマのプーさん」とかがネット検索の禁止用語になっているようだ。よもや足元で「森友」や「昭恵」が禁止用語にはなるまいと思うのだが……。つまり、ハードの上でのソフトの争奪戦が始まっているのだ。

印刷やカセットテープといった情報メディアは武器なのである。スマホは民主主義の武器を人民に配ったようなものである。もちろん使いこなせなければ権力者のコントロールの手段に脱する可能性もある。どちらの主導権になるのかのせめぎ合いが始まっているのかも知れない。

本章の冒頭に記したイベントも終わって「昭恵」「森友」絡みの土地である豊中から京都への帰途、電車の中で必死にスマホを操作している乗客たちを見ていると、ふと「せめぎ合い」を戦う勇姿に見えてきたが、チラッとみえた画面は「貴乃花騒動」だったりで、独りよがりの錯覚の夢から覚めたのであった。

第 11 章

確率の語りにつき合う

——倫理とワールドビュー

「滅多なことはないのだが……」

エイプリルフールではないが、中国の宇宙ステーション「天宮一号」が制御不能になって二〇一八年四月一日か二日に地上に落下するというニュースがながれ、その後、二日に南太平洋の上空で燃え尽きたようだ。流れ星に見るように、宇宙から地上に毎年数トンの物質が落下しているが、今回のは一個で八・五トンもある大物である。燃え尽きないで一部が地表面に落下する危機感を煽るような報道がなされた。その表現が「陸地に落ちる確率は三〇〇兆分の一」とか「一年間に雷に打たれる確率の一〇〇〇万分の一」とか、なぜか安全とはいわず確率がこんなに小さいという表現をしている。日本列島上空を横断した北朝鮮ミサイル実験でも「安全ではないが、確率は低い」といって、Jアラートが鳴って、電車が止まったり、学校が休みになったりする。ほんとに、滅多なことはないのに確定的言明を避ける語りが引き起こす混乱であり、確率の数字にどうつき合えばいいのか、当惑させられる。

量子力学「第一の驚異」

量子力学誕生の一九二七年当時に喧伝されたのは、確定的記述の崩壊という驚異であった。ハイゼンベルクの不確定性原理やボーアの相補性原理はこの「不確定性」を現実と認識の二重構造で調整しようとした。「現実」が確定的でもその測定過程の擾乱で「認識」には不確定が生ずると。ここでの「認識」の意味は、計測器の表示から脳での感覚・認知までの幅広いレンジがある。いずれにせよ、人間不在でも自存する物質界の中に、人間という特殊な存在を持ち込むという二階建ての理論構造になったのである。この転換は、神の法則と見紛う普遍性を誇ってきた物理学のイメージを損なうものであり、大きな当惑であり驚異であった。

確定的記述に代わって登場したのが確率的記述である。同じ状態の測定値は確定的でなくばらつき、そのばらつきの数学的表現が確率論である。そして量子力学の数理理論に初登場の「波動関数」、「状態ベクトル」あるいは「密度行列」という数理的存在は、この確率を計算するものである。その意味では不確定の原因は「測定時の擾乱」によるものではなく、状態ベクトルとは何ものなのかという問題に移ってくる。これまで物理学の理論に登場する数理量は、位置の座標、速度、エネルギー、質量、電荷、温度とかいうものであったが、これらと同格の物理量のごとくに確率が登場するというのである。

状態ベクトルや密度行列といった量子力学の新規の数理的存在と情報科学で中心概念である情報量、エントロピーや確率といった概念とは親近性があり、量子情報という研究領域が創造されている。これは従来の情報科学の拡張ではあるが、現実との対応では既存の情報科学の範疇に収まる面が多い。その意味では量子力学は従来の確率論や統計学の語りへの新たな参入者の一人にすぎないともいえる。

確率による語りの特徴は現実でない可能世界を列挙する語りにある。滅多にないのに、「あなたに宝くじが当たる」可能世界を持ち出したり、冒頭のような「落下の可能性」も確率はゼロでないという語りである。眼前の存在の記述のために、存在しない可能世界を列挙する語りだ。ここに確定語りと確率語りの巨大なギャップがある。現在、確率の語りを公然化した宝くじや保険制度が社会に安定的に定着している。しかし、日本で確定語りの貯金から確率語りの株式投資になかなか乗り移らなかったように、貯金利子と投資利得の間の巨大な峡谷を庶民は見たのである。確定語りと確率語りの受け止め方には、心理的なギャップだけでなく、人々の倫理観、それを支えるワールドビューにも関わる分水嶺でもある。確率語りは因果応報を信じてきた真面目な生活倫理を嘲るものだからでもある。

歴史を振り返れば、可能世界を操作する占い師や予言者などの非合理的行為が横行した時代がながく続いた。人類は不安をうむ不確実さを可能世界を掲げて乗り越えてきた反面、可能世界が孕む危うさを想起することも大事である。いずれにせよ、経験的合理主義を柱とする自然科学の語りからすれば、可能世界を持ち出す確率語りのいいかげんな語りには身構えざるを得ない。倫理とワールドビューに関わる課題なのである。

量子力学「第二の驚異」

不確実、不確定、確率、可能世界、現実・認識の二重構造といった言説は、現実が現実を決めるという透明な理を語る古典物理学の目標をぶち壊したといえる。これが量子力学の第一の驚異として語られたものである。それに対して、EPRに始まるエンタングルメントの議論とその実験的実証によって、量子力学は古典物理学の因果律をも上回るつよい遠隔相関の存在を明らかにしたといえる。ベルやGHZの議論とその実証である。これが近い将来に技術として社会に広がっていけば、がんじがらめに絡みあった世界像が強まるかもしれない。二一世紀初頭の量子力学の姿は、因果からの解放という第一の驚異だけでなく、量子的因果の見えざる束縛という第二の驚異をも浮上させているのである。ニュートンが決別したホーリズムの再来を予感させる。もっとも、いまや量子力学は悩む対象ではなく、量子的因果の見えざる束縛を暗号やセキュリティの技術に結びつける、量子コンピューティングや量子インターネットの実現に向けて歩みだしたように見える。

ＩＣＴへの食いつきの良さ

少子高齢化の成熟社会の日本のムードでは、こうしたさらなる先端技術を追い求める姿には過剰感をもよおす人も多いかもしれない。技術的進歩の先に幸福があるのかと。最近の海外情報で自分にとっても意外なのは、ネットやスマホなどの個人情報機器の途上国での爆発的な普及を伝えるニュースである。日本のようにステップバイステップでここまで来た立場から見ると、途中を全部すっ飛ばして、支払いや行政管理のＩＣＴ化が進んでいるように見える。日本での飽和感などまったくない。ＦＡＸも残る様々な段階のシステムが混在する中では、更地にＩＣＴの新システムを敷設するようなわけにはいかないのだ。

ネットでつながった個人情報機器の爆発的な普及という世界的なモーメンタムを止めることはできないだろう。途上国でのＩＣＴへの食いつきの良さは、ある種の民主主義の道具でもあるのだろう。印刷術のグーテンベルク革命以来の大転換期だとするのも誇張ではないだろう。そうであれば、ハードとソフトの両面で情報通信技術の開発研究がしばらく過熱するのは当然であり、その一角を量子情報技術が占める構図は、まさに二一世紀の姿といえる。

デジタル情報を操作する、確率、統計、推論の学問がこうした機器の作動を支えることになるのだが、この語りの世界をのぞくと確率をめぐる混迷に出会う。ちょうど量子力学の場合と似て、確率論も数理理論としてはなんの曖昧さもないのに、その解釈となると千差万別である。確率、統計、推論、これらは各々少しずつ意味は違うが、数理手法としては相互に関連する。そしていま、理系文系の様々な学問領域でもこの手法が大躍進中のようである。これはコンピュータの数値的処理能力向上、情報機器によるデジタルデータの集積、情報機器の遍在化など、AIが喧伝されるのと同根であり、道具が学問を変えているのである。

様々な思惑、様々な目的、様々な社会的立場など、生得的でない理論的道具を人々が持ち出す動機は、対象の側ではなく、人間の側にある。知的能力を競う学問世界では新奇さは重要なファクターである。そこに統計・確率といった手法が手軽に使えるようになったので、データサイエンスと呼ばれる手法が一斉に広がったのである。理論の品質管理をする学問世界も多様化し、普遍性を目指す近代の次のポストモダン化が強まり、理論の規範性が剥落し、エクセレンスの競争と市場評判主義が現実を引っ張ることになる。

こうした学問全体に見られる、確定語りから確率語りや統計語りへの転換の一翼を量子力学も担っている、あるいは先導しているということであって、「第一の驚異」の受け止め方は一九二七年当時とは随分と違っているのかもしれない。

可能世界の確率

確率はパスカル、ベイズ、ラプラスなどを経て数理理論に結実する過程では、課題は賭けや戦略論であった。その一方、一九世紀末、熱現象の背後に無数の原子運動を想定する統計力学において、確率は物理学の主役に登場した。二〇世紀初頭には、ブラウン運動に対するアインシュタインの理論や放射線放出の無規則性を扱う平均寿命の導入など、確率論による語りが物理学でも拡大した。

平衡状態の統計力学の確率は統計学のそれと類似で、決定している現実を前提にした上での粗視化した有効な認識法という手法である。対象に自在する概念でなく認識過程での概念・手法である。その意味では、「戦略論」と「認識手法」は同質ともいえるが、主体と相手にする対象との関係が異なっている。

あれかこれかの迷いに選択の指針を与える戦略論の対象は非現実の可能世界群や多世界群である。非現実の世界を想定する場合でも、地獄と極楽、あの世とこの世、などでは恒常性を特徴とするのだが、戦略論での可能多世界はそうした恒常的非現実でもない。すなわち、当たりくじが入っているくじ箱から当たりを引く確率ではなく、このくじ箱に当たりくじが入っているか入っていないかの確率を問題にしているようなものである。

同一の数理理論を使いながら、その核心の概念である確率をめぐる立場は目が眩むほどバラエティに満ちており、確率をめぐる混迷も頷ける。拡散の方向や対抗軸を列挙してみれば、客観確率 vs 主観確率、頻度主義 vs 信念主義、単独事象 vs 多数事象、賭け、投資、保険、複雑縮減、傾向性予測、世論調査、行動の指針などなど、であろう。

量子遷移・状態の重なり・量子統計

量子力学の参入なしでも確率の混迷は十分広がっている。量子力学の確率がこの既存の混迷の中に身を隠すのか、それとも混迷を新たに広げるのか、縮減するのか、量子力学を情報科学の側から見直す必要もあるだろう。この見直しは必然的に状態ベクトルの見直しにも及ぶだろう。主観確率の立場に立てば、QBism（H・C・フォン・ベイヤー『QBism 量子×ベイズ』松浦俊輔訳、森北出版）のように、状態ベクトルも主体の推測の道具に転化する。これまでの量子力学解釈「論議」は、拙著『佐藤文隆先生の量子論』第4章に論じたように、観測過程の側から主に論じられてきたが、視点を逆にして広い確率語りの中にとけこます方向である。

量子力学における確率登場の場面である、遷移確率、状態の重なり、量子統計などが、同根かどうかも自明ではない。作用量子の導入は離散的なエネルギー状態を導入し、状態変化は、連続的ではなく、離散的状態間のジャンプによって起こると考えざるを得ない。そのため状態間のつながりが一義的でなく、因果は確率的に拡散する。さらにこの遷移がどの時期に起こるかが確定できず、時間的に指数関数で崩壊する際の寿命の平均として平均寿命という数字が決まる。状態ベクトルで表現されるいくつかの可能世界の重なり具合が確率に結びつく。

量子力学はもう一つ統計学に新たなテーマを提供した。いわゆる、ボーズ・アインシュタイン統計とか、フェルミ・ディラック統計というものである。ここで立ち入ることはしないが、ここで見えてくるのは、量子力学はもともと確率や統計の学問のサブ分野であるという特徴である。

確率と数学

確率は数字を操る学問だから数学の一分野であるが、数学自身のイメージの拡大を促す新課題でもある。数学の発祥を見れば、個数、暦、幾何、運動といった数字化が比較的自明な対象から始まり、続いて物理学の新課題とも関係しながら高度な数学が次々と展開された。この流れから見れば、統計、確率、情報の数学はいささか傍系の分野だが応用の旺盛さでじょじょに広がり、コンピュータの遍在化によって、社会的には大きな数学になっている。

フェラーの確率論の教科書『確率論とその応用』（河田監訳、紀伊国屋書店、原著一九五七年）は世界的にも大きな影響を及ぼしたものである。現在、この確率理論が社会で大きな力を持ち得たのは道具（ハード）の進歩で膨大な数値的処理が瞬時に行えるようになったからであり、学問に力を与えるのはこうした道具の進展と並走するものであることは肝に銘じておくべきであろう。

形式・直観・応用

このフェラーの本の冒頭に「確率論は、例えば幾何学や解析力学と同じような目的を持った一つの数学の体系である。どの分野でもその理論を（a）形式論理内容、（b）直観的背景、（c）その応用、という三つの観点に注意深く分けてみなければならない。全体の組立て方の性格や面白さというものは、この三つの面を正しい関係において考えないかぎり認識できないであろう」。

このセリフは社会と数学の間の考察に多くの示唆を与えている。数学のような生得的でない理論概念でも、社会の文化的進展の中で、「人類としても総合的な直観でさえ進歩するように思われる。ニュートンの力の場とか、遠隔作用といった概念や、マックスウェルの電磁波の着想は、最初は考えられないものであり、直観に反するものとして批判された。近代工業や家庭のラジオによって、これらが普通の言葉の一部となるほど、これらの概念は普及してしまった。

同様に、現代の学生にとっては確率論がその初期にたたかわなければならなかった考え方、偏見、その他の困難なことを知ることはできないのである。今日では新聞は世論の標本について報道し、かくして統計の魔術は、生活のすみずみまで浸みわたっていて、若い娘たちが結婚できるチャンスの統計に注意するほどである。だれでもチャンスが3／5というような文句の意味を感じとるようになった。ぼんやりとはしているが、この直観が第一段階への背景となり手引きとなるものである。理論がすすみ、もっとむずかしい応用例をやって知識が作られていくにつれて、直観はさらに発展させられるであろう」（フェラー前掲書）、「応用の場面においては、抽象数学のモデルは道具として役立ち、また異なったモデルで同じ経験的な現象を表すこともできる。数学理論の用い方は、先入概念によるものでなく、経験に応じ、また経験とともに変化するところの合目的的な手段である」（フェラー前掲書）。

形式と意味

どのような数学も現実社会の必要性を基礎に成長してきた。フェラーがいうように社会から見た数学の営みが「形式・直観・応用」の複合であるにもかかわらず、「形式」に打ちこむ専業数学者の営みを数学の核心と考えるのは誤りである。「形式」は意味をとおしてのみ現実と関わる。このことを情報論や記号論で一般的に語られている「形式」と「意味」の構図に位置付けていえば、フェラーのいう「直観」と「応用」の二つが意味に対応している。そして「直観」と「応用」の区別は、「直観」が個人的な意味であるのに対して、「応用」は社会的ないし集団的約束ごとに関する意味であるとみなせる（金子郁容『不確実性と情報入門』岩波セミナーブックス）。論理による意味のない「形式」の体系が意味を持つのは世界を生きる人間の直観との相性を経て意味に転化するのである。

ここで「直観」とは原始人間の直観ではなく、人類文化を踏まえた直観である。「応用」につながるには社会的広がりを可能にする直観との相性が必要であり、「形式」の創造に没頭する専門家の個人的な直観には文化的学問的に鍛錬された特異な美的直観も含まれる。必ずしも応用ではなく、個人的な文化的経験の直観に依存する側面も大きく、そこに玄人と素人の差があるといえる。

学校教科とSTEAM

ここで、数学と自然科学の違いを意識する必要がある。なぜなら数学は自然という存在の語りでないといえるからである。近年、数学M、自然科学S、テクノロジーT、エンジニアリングE、の四文字をならべたSTEMという用語が、米英圏での教育業界で定着している。さらに、米国の学校教育界では、STEMにアートAを加えてSTEAMを教育のモットーにしようとする動きもある。

最前線研究とか、社会的ニーズといった側面からだけ、社会と学問の関係を見るのは狭量であろう。情報化時代だと喧伝される中で、新たに参入する世代が学校教育で目にする知識世界の構図の改変が必要ではないか。これは将来に向けて重要な課題である。日本では文系理系の分離が大きく、踏み込んだ議論が足りないように見える。学校教育の科目名にももっと気を配る必要があると思う。今年から準備段階に入った「学習指導要領」の論議に学問界が全く無関心であったのは問題である。算数Mが見直され、統計や確率も重要な基礎概念となっていくようだ。

不安への合理的対応

主題の量子力学に戻って確率の現象学を見ておこう。確率とは複数の可能な行動を合理的に選択する試みとして出発した。古来、人々は不安解消のために、占い、御託宣、悟り、帰依、決断、結果責任、投票、民主主義、リスク分散、などを考案してきた。確率もその系譜に連なるものである。情報化時代の現在、通信での雑音除去や人工知能での選択のように、確率で推論して機械に「行動の選択」を指示する技術は既に作動している。宝くじの賞金金額や保険料、市場調査と経営判断、世論調査と政治、などで社会を動かしている。心を持つ個人は確率の数字に馴染めないが、心ない機械や組織はこれで結構上手に仕事をこなす。携帯情報機器の遍在化は、早晩、個人の信念形成・強化にも進出してきて、確率論の判断に身を任すようになり、スマホを忘れると、「麺かカレーか、ランチの決断ができない」時代になるかもしれない。技術は人々の心をも変えていく。

「過去の制作」

未来・過去、非決定・部分情報、主体・客観の三つの次元が思い浮かぶ。降水確率は未来確率でＤＮＡ鑑定は過去確率である。いずれの場合も複数の可能性の確定度を数字で表現する。ここでは推論する主体の持つ情報の部分性・不完全性に由来する確率なので未来確率と過去確率は対称的であり、推定という主観確率である。

他方、「主体」なしで自存する客観世界を想定し、過去には唯一の正解があるが未来は未決定で正解は唯一でないことに由来する確率と考えれば、過去確率は主体の認識上の無知度の表現であり、未来確率は客観的に未決の表現であり、過去と未来の対称性は破れる。未来についても「正解は分からないが既にある」という立場もあるが、この場合でも、現実には部分情報に基づかざるを得ないから、単なるお呪いにすぎず、推論操作は同じである。ただ、もたらされる世界像には大きな差がある。

逆に「過去は既にある」でなく、未来と同じ推論だとすれば、「過去の制作（ポイエーシス）」論が登場する。ここでは「恐竜の骨が過去を制作した」となる。骨は事実であり恐竜は確率的な推論である。しかし我々の直観では「たとい中身がなくても過去自体は実在だ」という思いは捨てられない。ただこの常識は、中身がない空席が実在するという、「ゼロの発見」にあたる飛躍であることに気づかされる。「ないものがある」という論法を常識は結構多用している。

ランダムの法則

確率は推測主体の「無知の度合い」に由来する主観確率の見方でなく、確率は実在だとするのが客観確率の立場である。客観確率の根拠として、根源的ランダムさを想定する。もっとも実際には、気体運動論の際の分子カオスのように部分情報記述に由来するランダムなのか、根源的ランダムか、内実は単純ではない。カール・ポパーが客観的ランダムを「傾向性（propensity）」とよんだことは知られている。

魑魅魍魎のランダムでは数学にのらない。またランダムとは単一事象の特徴づけでなく多数事象の特性に関わる表現であるから、いわゆる大数の法則に従うというポジティブな規定のほうが有効であろう。単純な確定の放棄ではなく、大数事象の相対頻度の確率法則に限定されるように全体を囲い込んだ、飼いならされたランダムである。現実をこの枠組みに収める際には、等確率とする根元事象まで還元するためのパラメータの数という、数学に収まらない難問を抱えており、各領域での確率記述の有効さはこの処理の巧拙に依存しているのであろう。

「良い理論」

二〇〇六年の数理科学部門の京都賞（稲盛財団）は赤池弘次のＡＩＣを含む統計学の功績に授与された。この時、審査委員長をつとめたので、この周辺を勉強したことがある。その時、赤池は「真の理論」だけでなく「良い理論」の重要性を唱えていたことを知った。学問が目指すのはいずれなのか？　量子力学の身分にも関わる重要な論点である。

第12章

量子力学の社会学

——福井謙一と「盤石な理論」

「事実」群をつなぐ「警視庁型」

「有った、無かった」、「言った、言わない」、「書いてある、記憶にない」……、「森友・加計」、「日報」、「セクハラ」をめぐる霞が関の攻防はヒートアップしている。断片的に残された「文書」、「音源」や「証言」といった「事実」群からくっきりした「過去の制作」が完成していくさまは、正に「警視庁型」科学の醍醐味である。「雪は天からの手紙」の名文句を残す人工雪の学者、中谷宇吉郎（一九〇〇―一九六二）は自然科学を「アマゾン型」と「警視庁型」の対比で論じている（樋口敬二編『中谷宇吉郎随筆集』岩波文庫）。中谷の二つのタイプの違いはナマの自然との関係性における「論理」と「ロマン」のせめぎ合いにあるようである。

「整合的歴史解釈」

量子力学解釈論の一つに整合的歴史解釈（consistent history interpretation）というのがある。R. Griffith が最初に提起したものだが、その後、J. Hartle が大物の Gellmann を誘って、これを発展させて有名になったものだ。断片的な観測記録という事実を時系列として整合的に並べて接続する歴史を制作する主体（IGUS, Information Gathering and Utilizing System）を想定する解釈である。より多くの事実は制作される歴史の中身をよりくっきりさせるというところに確率が登場する語りである。

個別には「有った、無かった」の水掛け論でも、事実群をつなげば整合的な意味のある語りの歴史が構築されてくるというのが「警視庁型」科学の定石である。それが、実証主義と合理主義を建前とする方法としての科学の真髄であり、整合的に結びつける習性が感覚的にも、認知的にも、認識的にも備わった身体が人間というものなのであろう。「過去の制作」の確率の高さが人々を行動に誘う信念を構成する要素となるのであろう。

「何が問題なのか？」

本書では量子力学そのものを論じてきた。視点は「何が問題なのか？（What's matter?）」であった。「問題なんか、無いのではないか？」という反問を意識した問いかけである。数理理論としては完成後既に九〇年以上経て一〇〇年を迎えるフェーズに入り、理工系の科学技術を支える大成功の科学理論としての姿が眼前にある。一九五〇～六〇年代のトランジスターとレーザーの発明と廉価大量生産を可能にしたシリコン・エンジニアリングによって、社会の変革を駆動している。さらに、二一世紀に入った最近は、量子コンピューティングや量子インターネットという新技術への進展がホットトピックスになっている。ＡＩやＩｏＴなどというコンピュータや情報通信システムの革新をもたらすハード面の進展が起こるかもしれないという現実味も高まっている。

しかし、ハイテク業界の最先端の話題というだけでは、社会や人間に関係がないようにも見える。量子力学が生み出したハイテクによって社会システムや人々のライフスタイルが変貌していく課題ならわかるが、それは本書の課題とは別課題である。もともと現代思想への問題提起としてはミスマッチのテーマだったんじゃないかと見えるかもしれない。

盤石の科学理論

現代のハイテク社会を生み出した震源地として、量子力学に初めて出会った人ならば、そう思うのは当然であろう。その一方、現代思想に関心のある人なら、二〇世紀への世紀転換期や豊穣な一九二〇年代の時代思潮を語る際には、相対論と並んで量子力学の登場が重要な挿話として語られたことは認識されている。確かに、ニュートン力学が近代思潮への重要な一コマであったように、相対論と量子力学の登場も社会思潮を論ずる際の重要なアイテムであった。しかし、もう九〇年以上も過去の出来事である。また科学技術としても、古典物理学とは質的に異なる新しい世界を拓いたという認識が定着して久しい。こうした歴史の流れを踏まえれば、量子力学は既にたくさんの仕事を成し遂げた盤石の科学理論なのである。

本書もこの盤石さを十分に認識した上での論議である。いまさら量子力学そのものを論じるというと、未だ不思議さを秘めた論争的テーマだと言っていると誤解されるのを危惧するものである。実際、量子技術の進展によるハイテクの話題の興隆で、最近、久しぶりに量子力学そのものへの関心の高まりがある。しかしこれに寄生するかたちでまたぞろ言い古された量子力学の不思議路線の繰り返しも散見され、「九〇年」の歴史の重みを組み入れた新たな関心の持ち方の提示が求められるタイミングにあるともいえる。

新しい対象に「適応する努力」

数理理論として、一見したところ相当に違って見えたハイゼンベルク行列力学流とシュレーディンガー波動力学流が同等であることの理解が深まった頃に大学レベルの教科に量子力学は登場したのである。日本では当初は留学帰国者による集中講義のようなかたちで随時開講されたが、試験で成績がつく必須科目になったのは、主要大学でも第二次世界大戦後ではないかと思う。また多くの工学部で量子力学講義が始まったのは一九六〇年代の理工系倍増の中であり、その後の日本の電子工業や合成化学の急伸長を支えたといえよう。

新進気鋭の三七歳の教授であった湯川秀樹の『量子力学序説』（弘文堂書房、一九四七年）の「序」の日付は一九四四年一〇月だが終戦時の混乱で発行は一九四七年になったようだ。翻訳ではない日本人の手になる最初の本格的な参考書である。この本の「序」は次のように始まる。

「量子力学は今日、物理学のみならず化学に於いても、最も基礎的な地位を占める理論体系である。更にそれは工学の諸分科や、生物学・生理学・心理学乃至は哲学にまでも重大な影響を及ぼしつつある」。「哲学までも影響が及ぶ」というかたちで成立時の「論争」を意識しているようだが、量子力学自体が「完成途上」といったニュアンスはまったく見られず、横への展開が見とおされている。粒子・波動の二重性や「不確定性関係」といった不思議対策には「吾々は常に既存の諸概念の内容を、新しい対象の表現に適応するように改善していこうとする積極的な努力を怠ってはならぬのである」としている。つまり「不思議の耽溺」でなく「自己改革の努力」を説いているわけだ。

「福井は湯川の弟子?」

量子力学が過去九〇年の中ではたした盤石さを理解するために、少し離れた分野への影響を示す日本の興味ある話題に目を移そう。一九八一年、福井謙一がノーベル化学賞を受賞した時の話である。授賞式に同行した弟子の一人、山邊時雄の証言によると、ノーベル賞関係者から次のような質問があったという。

「自分たちは、フロンティア軌道理論が出た一九五二年以降の福井先生のご研究については、よく承知して十分な情報を持っている。しかしそれ以前のことについては、腑に落ちないというか、よく分からないのです。日本の戦後の瓦礫の中で研究され、数学の教師でもなければ物理の教師でもなく、工学部の応用化学の方らしいが、それにしてはフロンティア軌道理論をよく調べてみると、本当に数学や物理学の素養があることが分かるし、一体、どういうことなんだろうかと思っていました。彼は湯川先生の弟子ですか?」(古川安『化学者たちの京都学派――喜多源逸と日本の化学』京都大学学術出版会)。

いまでこそ量子力学に基礎をおく量子化学、理論化学、数理化学といった分野は化学の重要な一角を占めるが、福井のこうした研究はその開拓期にあたる。

福井の量子力学と喜多源逸

「数学の才能」を自覚していた福井少年に時代を先取りして化学への進路を勧めたのは京大工学部の化学の教授喜多源逸（一八八三―一九五二）であった。繊維化学の喜多だが、化学の「京都学派」を育てた功労者とも後に評価されている。婚姻関係で親戚になった折に福井の父は数学が得意な息子の進路を相談した時の喜多のアドバイスである。福井が大学に入学した一九三八年当時、化学の研究は「数学が得意なら化学をやれ」の状態からほど遠かったが、一〇年ほど前の物理学での量子力学の創造が必然的に化学の将来の展開に及ぶという大きな方向は気づかれていた。喜多のアドバイスもこの認識によるものだが、さらに喜多がこれには数学の大きな壁があることを認識していたのは卓見といえよう。

工学部学生となった福井は「物理学科の授業も聴講した。しかし、量子力学はあまりにも新しい分野だったので、京大の物理学の授業でもまだ正規に講じられていなかった。そこで、物理学教室の図書室にあった量子論のドイツ語原書を読み、独学で学び始めた。当時工学部の学生はTの記章をつけていたが、その記章をつけた学生が物理学教室の図書室に頻繁に出入りして、「難しい分かりもせん本を読むなんて、［職員から］本当にうさんくさそうに見られた」と振り返る。時には借用期限を過ぎても長い間返却しなかったため、「物理の教室の先生からえらく叱られたことがあった」。『Handbuch der Physik』という大冊は借り出せないので「興奮しながら図書室で書き写した」という」（古川前掲書、文中の引用は福井謙一『学問の創造』佼成出版社）。

工学部化学に量子力学講義教授

喜多は個人的に福井を導くだけでなく、欧州の息吹を感じて帰国した兒玉信二郎を同僚の教授にし、二人して工学部化学の中に制度的にも、化学の学生が量子力学に接する教育環境をつくった。量子力学を講ずる専任の教授を採用し、あわせて量子力学の本格的学習に必要な数学と物理学の講義のセットを工業化学の学科の教育体系に組み入れたのである。

喜多は理学部物理教室の湯川秀樹教授に人選を依頼した。「湯川は最初、弟子で同学科講師であった坂田昌一を推薦したが、ちょうど名古屋帝国大学教授に決まったため、東京文理大学（後の筑波大学）教授の朝永振一郎の下で教鞭をとっていた荒木源太郎を推薦した」（古川前掲書）。表向きは無機工業薬品製造をうたう新設の工業化学第九講座担任の教授だが、喜多は荒木に研究テーマは自由だとしたので、中間子論の研究も続けた。荒木は工学部の学生だからといって内容には手加減はせず、格調の高い講義であったという。空襲警報が鳴っても止めなかったという熱心さであった。

講義は量子力学による原子分子論の基礎となるよう工夫はしていったようだが、研究面では湯川グループと繋がっていた。後年、工学部原子核工学教室創設の際に、この講座はそこに移籍され、引き続き工学部学生に対する量子力学の学習を任務にしたが、研究上は荒木の伝統は維持され、理学部物理のわれわれ素粒子・原子核関係者と関係が深い研究室だった。湯川が中間子三〇周年に向けて集中した素領域理論の共同研究者はこの講座の教授片山泰久であった。

「盤石の量子力学」と「裏街道」

科学研究には一歩出遅れた非西洋の日本にノーベル賞をもたらした湯川の中間子論、朝永の量子電磁気学、福井による燃焼という化学反応の量子力学、さらに江崎玲於奈によるトランジスターでの量子力学のトンネル効果の発見など、日本においてなされたオリジナルな研究成果はみなこの「盤石の量子力学」という新舞台の上で達成されたものであった。

本書も量子力学に「まだ欠陥がある」とか「完成途上にある」という趣旨で量子力学の論議を行なったのではない。むしろ「盤石の量子力学」のもとで物理学と化学だけでなく生物学をも革新する大展開があったにもかかわらず、ボーアとアインシュタインという創業者同士の「論争」の余韻が、「裏街道」に潜ったかたちで、しぶとく消え去らなかった歴史に注目している。このために次の三つの時期を設定して考察することにしたのである。

A　一九世紀後半からの知的世界の新勢力である科学と人間をめぐる論議

B　第二次世界大戦後の冷戦期のイデオロギーの時代
C　一九八〇年後半以後の量子技術の時代

従来の「量子力学論議」はとかく「創造期」のAの時期に集中していた。つまり、これまでは「九〇年」の歴史が抜けているのだ。私がBとCの時期を別枠でとりだして論じたのは「論議」史を膨らますものだったと自負している。

三つの動機

なぜ「裏街道」といったマイナーなものを取り上げたのかについての私の動機を並べれば三つになる。第一はいまでも多くの量子力学の初学者が味わうモヤモヤである。自分もそれに迷わずに「黙って計算しろ！」の忠告で玄人になったが、一九九〇年代中頃から、日々忙しく流される現場を離れる定年後を思った時にこのテーマが浮かんだ。これは我々の世代の物理学者にしばしばあったことで、珍しくもないことである。第二は量子力学創造時のボーア、アインシュタインなどの間であった論争を九〇年を経た現時点から「あれは何だったのか？」と見直すことである。その際、自分も経験した量子物理学「九〇年」の経過を踏まえるべきと思った。第三は、自分の「定年後テーマ」に合わせたかのように、実験の進捗によって、かつての「論争」テーマが表のテーマに登場したことである。だからこそ本書のテーマは懐古的にながれを振り返るだけでなく最新の研究の進展にも絡んできた。もちろん、最近のこうした研究が力強さを増してきたのは二一世紀の新技術システムの初期段階と目されているからであるが、これを創業者たちの「論議」と絡めて考察することは有意義であると考えた。いまでも、モヤモヤのないように数理理論も改造すべきとする派と、あれは完成品でありモヤモヤを感じる科学観の方を改造するべきという派がある。私はエンタングルメントを縦横に使う「新技術」の時代を待って初めて次の段階に移行するものと思っている。

量子力学という座標軸

本書も終わりに近づいてきた。このテーマをひと区切りとする時点で振り返って、大事なことが抜けていなかったかを考えてみた。もちろん、数理理論レベルのことではない。そういうことではなく、創業者同士の論争があったのに、それに決着がつかなくても現場では支障がないという歴史的な現実が問いかけるものである。「量子力学の不思議」が煽られる一方で、この九〇年の経過自体の「盤石な理論」ぶりが奇妙といえば奇妙なのである。このポイントは、量子力学側の問題というよりも、それを使って製造・操作・研究・教育に従事する専門家という人間の側の変容の課題なのだとみなされる。その意味では、数理的に不変な量子力学を座標軸に定めた際にみえてくる、専門家集団の変容という、いわば量子力学からみる社会学が必要なのかもしれない。

『職業としての科学』

拙著『職業としての科学』（岩波新書）は科学の専門家集団を社会的側面から捉えようとしたものである。一九世紀後半から欧州で急速に増加した科学の専門家には、古くから存在した独立性の高い哲学者や学者とは違うということで、「サイエンティスト」という職業名が英国で発明され、「サイエンス」という社会的な営みがその後に急拡大した。英語で「イスト」は、ピアニストやデンティストのように、狭い専門性を意味する接尾語であり、転換期には「自然哲学」者と呼ばれることに固執した人もいたが、瞬く間に「サイエンティスト」の大集団が形成された。これが後発のドイツに移ってFachwissenschaftとなり、この直訳が日本の「科」学である。いずれも新しい専門集団の特徴を「分科の学問」にみて、総合性ではなく、専門性の深さを競う営みとみなした。この集中して「深みを競う」営みは、世俗化の流れの中で世の中から欠落した、かつて宗教家にみていた脱世間、脱人間界への憧れを重ねる代替え物にもなっていったのである。

実験科学と制度科学

従来の学的営みに比較して、専門家の集団的営みの特徴として強まったのは実験研究の拡大である。この集団化は、かつての「デカルトの哲学」というようなデカルト個人の思考の表現ではない、集団的営みで明らかにされる新たな知識の体系を生み出した。そしてこの科学がもたらす知識の認識論的な論議が起こったのである。

すなわち「職業として科学」においては、個人名を離れた理論は誰かの主張ではなく、「自然に自存していた理論」なのであろうか、となる。こうした認識論の議論が集団化という社会組織上の変遷と連動して起こったのである。その一方、研究の遂行とその評価は大なり小なり集団的な作業であり、何を問題にし、何を問題としないかは、ある個人の内部というよりは、個人がその一員である集団にただよう「空気」に支配される面が大きいのである。それは、科学に特有というのではなく、科学においてもこの人間を特徴付ける特有の性格から自由ではないということである。あるいは一匹の知識を瞬く間に大勢で共有する社会的動物であるという特性の制度的結実であるともいえる。さらに国民国家の様々な制度化の中で、先達に私淑する知識継承の個人的・徒弟的段階を脱皮して、制度としての科学が登場した。「世紀転換期」前後に科学の制度が現在のように確立・拡大していったのである。

科学を論じるにはこの二つの軸でみることが重要であることを拙著『職業としての科学』(岩波新書)で論じた。そこで提起した構図が図のような相関である。ここでは典型例としてマッハ、プランク、ポパー、クーンの四人の人物を登場させ、彼らを認識論と科学制度の二種類の括り方をしてみた。実線の括り方は科学知識と実在の関係すなわち認識論の括りであり、もう一つの点線による括り方は科学と社会の関係、科学制度の括りである。

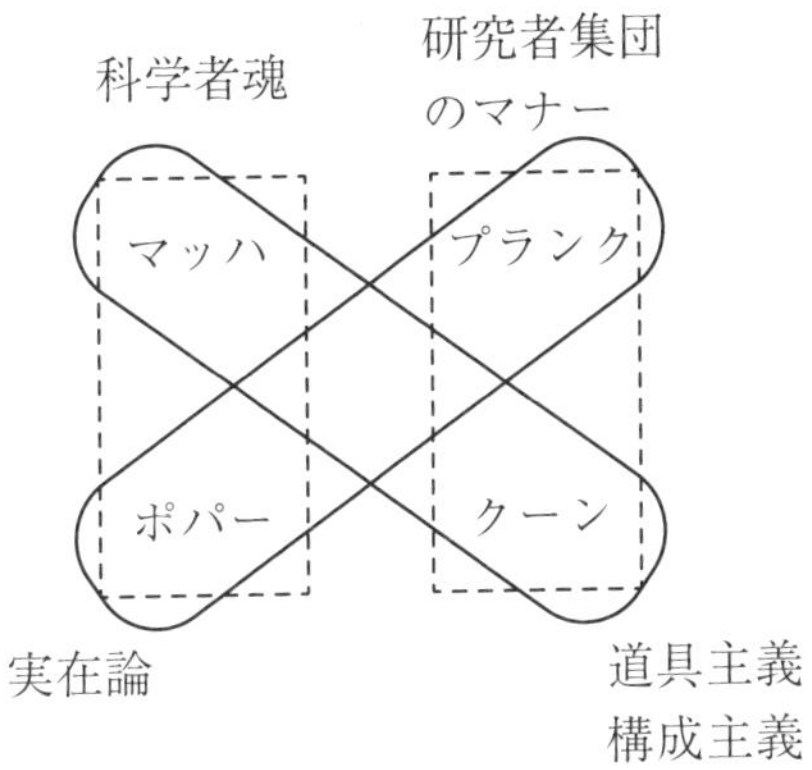

図

「実線のくくり方では認識論、方法論、真理論、実在論、相対主義、経験主義、道具主義、唯物論、論理実証主義……などなどのキーワードが踊る。プランク、ポパーが実在論、マッハ、クーンが相対主義である。点線のくくり方は科学精神、啓蒙主義、科学者魂、科学教育、国民国家と科学制度、科学制度の社会学、科学知識の社会学、レギュラトリー・サイエンス、科学リテラシー、……などがキーワードに登場する課題でのくくり方である。マッハとポパーが啓蒙的科学精神、プランクとクーンが科学知識の社会学である」（拙著前掲書）。

「プランクのマッハ批判」でのプランクの意図も周囲が論争に仕立てたポイントも「認識論的」であったが、マッハの対応は「社会論的」であった。また図での社会論的科学制度の括りではマッハとクーンを同じ括りにしているが、マッハとクーンの「社会」の意味は同じでないし主張の方向も正反対である。

「解釈論議」の社会学

「量子力学九〇年」を囲む科学界の変容の話題に帰ると、浮かんでくるのは新知識と経験の科学制度としての継承の課題である。ひと抱えの弟子集団でなく、国民国家における公教育として科学知識は標準化されて継承される。個々の人生の特殊性は洗い流される。ニュートンの自然哲学が求められているのではなく、ニュートンを消した「自然の理論」が求められているのである。

欧州学問世界に起こったこの地殻変動で登場した科学の制度の構成員の新しいエートスが問われる時期と量子力学の創造者の育った時期の重なりがある。さらに、国民国家同士の二度の世界大戦は国家のもとに組織化されるようになった科学の性格を一気に強めた。量子力学「解釈論議」からみた変貌はこうした科学界の制度・社会の側面からする考察が新たに浮上しているといえよう。

福井とリーマン幾何

福井がノーベル賞を受ける一九八一年の数年前、京大のある席で一緒になった折に、福井から「自分もリーマン幾何の専門家なのですよ」といわれた。当時でも工学部長などもやり、福井は京大を代表する学者として私も認識していたが面識はなく、初めての対応に戸惑った記憶がある。

これは、その頃、私の「アインシュタイン重力方程式の厳密解」発見がブラックホールという言葉とも関係して新聞紙上で派手に報道されたことへの福井の反応だった。ノーベル賞と同時に彼の研究業績にまつわる「フロンティア軌道論」などいくつかのキーワードが報道されたが、みな抽象的な理論概念であり、世間のイメージは当時の最新のコンピュータ・シミュレーションの映像であったと思う。化学反応を計算で扱うのは気の遠くなるほど錯綜した量子力学の計算問題であろうと想像できるが、ノーベル賞で高い評価を受けたのは、コンピュータ時代以前の彼の解析的な研究段階の業績であり、リーマン幾何はそこに登場するのである。

喜多の「数学が得意なら化学をやれ」のアドバイスを受け、福井が自学自習で新世界を拓いていけたのは数学の力量であった。リーマン幾何という高等数学をも道具に使うのに耐えるほどに量子力学は盤石の厳密理論なのである。ハイゼンベルクの「不確定性関係」が発するイメージとは真逆なものである。「不確定」とは確率への感覚であって、数理理論としてはどこまでも厳密理論なのである。高度な実験と並ぶ専門性として高等数学もあるのである。「素朴物理学」からは遠いところである。

補章

本書で題材にしている量子力学は理工系の学部学生が三年生から学ぶ基礎科目であり、決して〝謎の〟とか〝想像を絶する〟とか形容するようなものでない。ただ「ミクロの世界の珍獣」たちに初めて出会った一〇〇年前の形容の仕方がいまも散見される。量子力学に関心を引きつけようとする思惑からか、いまも巷に出回っている、オドロオドロした時代遅れの〝都市伝説〟を変えるためのトピックスをここに補足しておく。

1　量子hは精密測定の基礎——キログラム原器の廃止

度量衡の単位を統一する動きは、フランス革命の普遍主義に端を発し、一九世紀後半の交通や通商のグローバル化をうけ、一八九〇年、長さ・重さ・時間の単位のいわゆるメートル法の国際協定が発足した。長らくパリの本部には一メートルと一キログラムの原器がおかれ、加盟各国にそのレプリカを配布して単位の統一を図ってきた。しかし、測定技術が進歩すると、原器の微小な変動も見えるようになり、基準の役目をはたせなくなった。そのため基準を原器といった人工物でなく、自然現象によって定めることとなり、半世紀ほど前に、長さの基準はある時間に光が進む距離に改定された。そして二〇一八年には、キログラム原器も廃止され、代わってプランク定数ｈがその役目を引き継ぐことになった。現在、単位系のＳＩ国際協定では、長さ・重さ・時間に加えて電気・温度・光度を含む七つの単位はすべて自然現象で基準を定めている。ｈの存在で物理量が離散的（連続的でない）になることが厳密測定を可能にしているのである（佐藤文隆・北野正雄『新ＳＩ単位と電磁気学』岩波書店）。

量子力学には不確定性関係とか測定の際の擾乱とか、厳密な測定の不可能性を強調するイメージが付きまとっていた。しかし、ハイテク時代の今日では、その逆で、量子的な存在や現象がマクロの存在の揺らぎを測る基準になっているのである。重力波測定の技術などはまさにその究極をいったものである。

2　パラ水素分子を引き離す――エンタングル実験の進展

量子力学は当初は原子の発光、分子構造、固体の電気的な物性などミクロなサイズでの電子の振る舞いなどを主題にしてきた。こういう物理学や化学の物質の量子力学のテーマには、長い間、「エンタングルメント」という用語は登場していなかった。ところが、本文で記したように、近年はこのエンタングルメントが主題になっている。そのため、物質の量子力学の専門家はこの正体に戸惑うかもしれない。

実はこのテーマは当初から存在したのだ。量子化学で学ぶように、水素分子の量子力学では二個の陽子のスピン平行なのをオルト、反平行なのをパラと呼んで区別する。この相関がエンタングルメントなのである。だが最近のエンタングルメント実験では二個の間の距離が、分子サイズでなく、この相関をマクロな距離で確認している点が新たな進展なのである。その距離は、初めは実験台の数メートル、次に野外に飛び出して数百メートル、さらに湖上や海上で一〇〇キロメートル、そして最近は人工衛星を使って一〇〇〇キロメートル、というふうに、パラ状態のような相関を確認してきているのである。

大きな距離では光子の偏向状態の相関でなされているが、スピンについてもマクロな距離で確かめられている。さらに、光子や原子核といった存在だけでなく、最近では微細加工で作った二つの固体片の固有振動の間にも数十センチの距離で量子相関が実験で確認されている。量子力学は決してミクロなモノの法則ではなく、マクロなコトにも貫徹しているのである。

文字通り、原子の中の量子の世界を、マクロな世界に展開する技術を手にしているのである。原子から始まった量子効果の研究は、素粒子の研究では原子より小さい世界に向かったが、この量子相関エンタングルメントは原子からマクロに引き出す逆の方向性に向かっているのである。そうすることで量子コンピュータや量子インターネットを可能にしようとするのである。

おわりに

自己の物語

宝クジを一枚買って三億円を当てにすることを、普通、希望とは言わない。希望とは掲げた目標実現の努力を含む未来である。主体の努力で可変な未来とは神意や機械仕掛けで既定な未来ではなく、主体の希望が排除されないワールドビューなのである。

ここで私は自然から倫理までを貫く原理をワールドビューと言っている。これは従来、世界観、哲学、宗教、信念などと重々しく言っていたものに当たるが、もうすこし軽い意味をこめてこの言葉を使っている。最近の欧米の科学評論でよく「ワールドビュー」という言葉が用いられる。

我々の多くは必ずしも堅固なこういうものを持って生活しているわけではないが、ただ、誰でも何がしかの自然から倫理までを貫く世界のイメージを描いて行動の指針としている。それは、生得でも不動でもなく、生活の体験の中でたえずバージョンアップされるものである。あいまいでふらつくものだが、世界の「傍観者」ではなく「参加者」として、自己の物語をもとめているのである。決して、外界（自然と世間）の刺激に自動機械のように反応しているだけではない（「参加者」対「傍観者」については拙著『佐藤文隆先生の量子論』（講談社ブルーバックス）序章で詳しく論じた）。

切り拓く対処法としての確率論

「希望」に戻ると、未来が既定でなく未定であるということは、希望であると同時に不安の源泉でもある。というより、不安に立ち向かう主体の意思を希望と言うのだろう。

意思には行動が伴わねばならない。古来、祈りや呪いや占いや祈祷など、いろいろな個人的、集団的な行動がある。このありふれた願望に応える定石はなく、そこに様々な奇行が歴史上登場してきた。啓蒙主義の流れでそこに登場したのが一八世紀のベイズらによる合理的推論の試みとしての確率論である。そこには、宿命論的でない、自由な主体的な決断がイメージされる。行動につなぐには信ずることでの決断が必要である。経験知識情報、合理的推論、信じることが希望の実現を高める。これが、現実から逃避する「傍観者」ではなく、希望をつないで現実に積極的に関わっていく「参加者」としての前向きのポジティブな生き方である。

もちろん、個人の行動を確率の計算で決めるというのはイメージするのに無理があるが、将来は計算は機械やスマホがやり、見えないところで働くようになるだろう。それよりも、未来を、分からない神秘とみるよりは、切り拓く希望ととらえるワールドビューこそが実りあるものであろう。

プラグマティズムとからめた希望論が、量子力学を含む確率語りの学問的スタンスとその手法において類似の点が多いことは第8章や第11章でふれた。主旨は外界の実在と概念世界の実在の二重構造をもちこみ、意志をもつ人間を中心に据える学問論のスタンスである。古典物理ではこの二つの「実在」は縮退していたが（重なっていたが）、五感ではなく機器のみで結ばれたミクロ世界の現象に対峙するには二つの「実在」の明快な区別が必要になっているのである。二つが縮退しているなら中間の人間を取り去ることもできたが、区別が必須の二重構造の手法では取り去れない。原始人以来の経験の遺産と言える人間の概念世界を導入した外部の実在への対処法を説く言説は数多くある。ただ、量子力学は、「……というスタンスで」という態度の選択でなく、「……というスタンスになる」ことを我々に悟らせているのである。これは私が量子力学が学問論に対してもつメタと言っているものである。

東日本大震災のあとも頻発する自然災害はまさに自然は人間のことなど気にしてないことを悟らせてくれる。まさに科学の知見が語るように、自然の大きな仕組みの些細な襞に這いつくばって生きている人間の姿をみる思いがする。だから「天を恨んでも仕方ない（http://www.wakuwaku-catch.jp/ouen_pj/message/1034.html）」のである。むしろ、誰の庇護もない孤独の身だが、神からも自立した自由な存在として、営々と工夫を重ねて自分を磨いてきた健気な人間の姿をみるのである。こうした「健気な人間」像は、人間にとっての真理を行動への関わりから位置付ける（第8章）、プラグマティズムの哲学につながるものである。〃いわく因縁〃の堆積から脱して新天地をもとめたアメリカ開拓民の心意気に通じるものであろう。

自然とどう付き合っていけばいいのか。自然の側から見て人間には特別な〃いわく因縁〃はない。だから人間はなんの目印もない広大な平原に立った開拓者なのである。平原の側からみてなんの〃いわれ〃もないが、まず一本の杭を打ち込まないと始まらない。その地点は自然の側からみれば単なる偶然の地点でも、かけがえのない特別の出発点となるのである。

プラグマティズムと民主主義

「超人」にはなれない平凡な私たちは、何かを「正しい」と信じられなければ、一歩も先へ進めなくなってしまう。今日よりは明日、少しはマシになるだろう。その全てではないにせよ、望みはいつか叶うだろう。そう信じられるからこそ、私たちは生きていられる。プラグマティズムは、そんな私たちの生を肯定する、「希望の思想」なのである。

（大賀祐樹『希望の思想　プラグマティズム入門』筑摩選書）

この「希望の思想」が寛容、共感、折り合い、和解などをキーワードとする民主主義の可能性につながると論議されている。これは本書で量子力学論議からメタ的に引き出した学問論と通底するものであるが、民主主義の論議はまた別の機会の宿題としたい。

＊

本書の各章は雑誌『現代思想』（青土社）に二〇一八年六月までの一年ほどの間に連載で掲載した文章に手を加えたものであるが、「はじめに」と「おわりに」は新たに書き起こした。連載では、臨場感をねらって、冒頭に執筆時の報道記事などをあしらい、章末には身近に引き寄せた記憶を載せるようにしたが、そのスタイルはそのまま残した。また、連載のため、重複が散見される点はお詫びする次第である。

最後に、本書の出版について今回もお世話になった青土社の菱沼達也氏に感謝します。

二〇一八年六月

つつがなく存えている日々に感謝して

佐藤　文隆

著者　佐藤文隆（さとう・ふみたか）

1938年山形県鮎貝村（現白鷹町）生まれ。60年京都大理学部卒。京都大学基礎物理学研究所長、京都大学理学部長、日本物理学会会長、日本学術会議会員、湯川記念財団理事長などを歴任。1973年にブラックホールの解明につながるアインシュタイン方程式におけるトミマツ・サトウ解を発見し、仁科記念賞受賞。1999年に紫綬褒章、2013年に瑞宝中綬章を受けた。京都大学名誉教授、元甲南大学教授。

著書に『アインシュタインが考えたこと』（岩波ジュニア新書、1981）、『宇宙論への招待』（岩波新書、1988）、『物理学の世紀』（集英社新書、1999）、『科学と幸福』（岩波現代文庫、2000）、『職業としての科学』（岩波新書、2011）、『量子力学は世界を記述できるか』（青土社、2011）、『科学と人間』（青土社、2013）、『科学者には世界がこう見える』（青土社、2014）、『科学者、あたりまえを疑う』（青土社、2015）、『歴史のなかの科学』（青土社、2017）、『佐藤文隆先生の量子論』（講談社ブルーバックス、2017）など多数。

量子力学が描く希望の世界

2018年 6 月25日　第1刷印刷
2018年 7 月10日　第1刷発行

著者　　佐藤文隆

発行人　清水一人
発行所　青土社
　　　　東京都千代田区神田神保町1-29　市瀬ビル　〒101-0051
　　　　電話　03-3291-9831（編集）　03-3294-7829（営業）
　　　　振替　00190-7-192955

印刷・製本　双文社印刷

装丁　　水戸部 功

ISBN978-4-7917-7082-3 C0040